服装设计竞赛
创新思维与实践

**Innovative Thinking
and Practice
in Fashion Design Competitions**

· 陈欣 著 ·

江苏凤凰美术出版社

图书在版编目（CIP）数据

服装设计竞赛创意思维与实践 / 陈欣著 . –– 南京：
江苏凤凰美术出版社 , 2024.1
ISBN 978-7-5741-0854-7

Ⅰ . ①服… Ⅱ . ①陈… Ⅲ . ①服装设计 – 研究 Ⅳ .
① TS941.2

中国版本图书馆 CIP 数据核字（2023）第 025831 号

责任编辑	唐　凡	
装帧设计	清　风	
责任校对	孙剑博	
责任监印	于　磊	
责任设计编辑	韩　冰	

书　　名	服装设计竞赛创新思维与实践	
著　　者	陈　欣	
出版发行	江苏凤凰美术出版社（南京市湖南路1号　邮编：210009）	
印　　刷	盐城志坤印刷有限公司	
开　　本	787mm × 1092mm　1/16	
字　　数	160千字	
印　　张	8.75	
版　　次	2024年1月第1版　2024年1月第1次印刷	
标准书号	ISBN 978-7-5741-0854-7	
定　　价	98.00元	

营销部电话　025-68155675　营销部地址　南京市湖南路1号
江苏凤凰美术出版社图书凡印装错误可向承印厂调换

前 言

　　随着社会的发展和经济的进步，全国各类服装设计竞赛已成为各大服装企业发现与挖掘有潜力的设计人才的很好途径，服装设计竞赛也为设计师们提供了一个显露才华、脱颖而出的展示平台。国内外关于服装设计竞赛创新设计的专著主要有《著名服装设计竞赛获奖作品赏析》（1997 年）、《创意服装设计》（2015 年）、《服装设计原理创意思维及应用》（2016 年）、《服装创新设计》（2019 年），大多数专著的出版年份较早，对早期的设计竞赛作品做了解读与梳理，设计的作品与理念尚属摸索阶段，设计作品还未完全成熟。本书针对近期服装设计竞赛的特点，围绕近期赛事参赛作品，对服装设计竞赛创新思维做了更细致、更专业的分析。有别于市面上传统服装设计类著作，本书是专门针对各类服装竞赛就如何拓展服装设计思路以及在服装设计竞赛的设计步骤、制作程序等方面展开撰写与思考的。

　　服装设计本身就是一种艺术活动，除了形式要素之外，服装设计还能反映出设计师本人的情趣爱好、生活状态，好的服装设计作品能引发观众的情绪共鸣。本书对各类服装设计竞赛进行有针对性的分类与梳理，剖析服装设计创新设计方法的理论依据，对各类服装设计竞赛获奖作品进行案例分解，利用归纳总结的方法对相关问题进行梳理，如：如何挖掘服装设计灵感的方法与思路，提炼服装面料、配色等创新设计方法及原则，按服装类别有针对性地分析各类服装设计赛的设计特点及设计方法。本书中的案例素材大部分来自作者指导的扬州大学学生的获奖作品，结合时尚生活解读设计原理与设计实践的"活化"运用与思考，图文并茂地叙述了服装设计竞赛从创意设计灵感的获取到设计终稿完成的完整设计过程。

服装设计竞赛给设计师提供了一个很好的平台，使其原创服装设计围绕着现代人时尚生活的需求展开，不断探索服装款式廓形与色彩搭配新方式，既能满足人的需求，又能成就设计师自我，从而成为推动原创设计的一股清流。时装设计艺术理论与实践是相辅相成的双面胶，本书是笔者从教三十年中指导学生参加各大时装比赛的一些心得，对服装设计外在形式创新与内涵做了一些思考，以书稿的方式与业界同人交流探讨。

2022 年 10 月 18 日于扬州大学

|目 录|

第一章
服装设计竞赛概述

近年来，随着社会的发展和经济的进步，人们对服饰设计的需求也不断提高，服装风格也越来越多元化、个性化。服装企业像雨后春笋般地遍地开花、茁壮成长，无论是服装工业生产、服装设计、科技研究，还是服装商贸、服装教育，都在极力满足着社会发展的需要，服装行业也一直通过各种方式在不断培养和发掘人才。全国各级服装设计竞赛日渐频繁，竞赛为设计师们提供了一个显露才华、脱颖而出的展示舞台。竞赛评比为服装企业发现、挖掘了一批有设计潜力的新秀人才。相当一部分有才华的年轻人在比赛中崭露头角，有的已建立了设计师品牌，有的已被各大服装公司聘请为服装设计师。设计师的服装事业多数由参赛而起步。

自英国人沃斯 1853 年开始在商店内以活动模特展示服装以来，欧洲以法国为核心，通过模特推销时装，开始了一种时髦的

商业促销活动。历经一百多个年头，这股表演热浪已由欧洲扩展到美洲、亚洲以至非洲大陆，形成了世界性的演绎展示事业。从此，服装表演展示和服饰文化、服装商业紧密融合，越来越成为国际贸易、文化交流的主力军。服装设计竞赛最早出现在法国巴黎，经过多年举办巴黎时装周系列活动及每年在巴黎举行的国际青年时装作品竞赛，巴黎始终以超前的意识引领和推动着国际时装业的发展与进步。巴黎一直高度重视发掘人才，通过组织各种活动将巴黎打造成世界时装交易中心。

我国纺织服装产业从 1980 年开始迅速蓬勃发展。为了促进服装设计水平的提高，繁荣服装产业经济的发展，我国的服装设计竞赛也于 20 世纪 80 年代中后期启航，如 1985 年的全国时装设计"金剪奖"竞赛，当时的服装设计竞赛还是一种新生事物，那些从竞赛中脱颖而出的服装设计师已成为我

国新一代的服装设计师群体。服装比赛历来都是选拔某一领域优秀人才的一种有效方式，通过比赛来挖掘优秀的人才，从而为这一领域的继续发展带来良性的循环。早期服装设计比赛还较稚嫩，比赛作品存在着两种现象：一种是设计师热衷创意设计，认为此种赛事不受条条框框限制，思路大开，创作天地自由，忽视服装的实际作用；另一种则过于强调服装的实用功能，片面曲解服装创意设计的艺术价值，甚至有人认为创意性服装只适合表演不适合日常穿。

目前服装设计竞赛种类很多，活动举办得也较成熟了，每年全国各地总有上百项赛事吸引着成千上万名服装设计专业人士和兴趣爱好者参与。近几年的服装设计竞赛，主要是由中国服装设计师协会、各省服装设计师协会承办的专业赛事，如中国服装设计新人奖、"中华杯"服装设计竞赛、"大浪杯"服装设计竞赛、中国国际华服设计竞赛等，也有全国文联五年举办一次的全国美展服装设计分项等，还有一些有高等教育协会认可的赛事，如米兰设计周创意设计竞赛、全国计算机竞赛服装设计分赛、江苏省紫金文创设计竞赛等。我国已连续举办超过十年以上的服装设计竞赛有：开始于1992年的"大连杯"服装设计竞赛；"真维斯杯"服装设计竞赛，开始于1993年的"汉帛杯"服装设计竞赛（原"兄弟杯"服装设计竞赛），

开始于1995年的"中华杯"服装设计竞赛、"中国服装设计新人奖"等。大部分比赛主要由中国服装设计师协会、各省服装协会以及各级省政府、市政府、各大服装网牵头举办，无论是哪级服装设计竞赛，都会有组委会提出本次竞赛的设计主题（即参赛内容）。大部分服装参赛作品已能将服装创意设计与市场需求两个方面兼顾结合得较为良好。

随着服装设计比赛的逐渐发展，服装设计竞赛日益分化成更多独具特点的专项服装设计。国际性的专项比赛也在不断增加，这其中包括国外设计师到中国来参赛，也包括更多的中国选手到国际上去参赛，如法国"国际青年时装设计师竞赛"，由法国奢侈品巨头 LVMH 集团创办的被誉为"时尚行业奖金最丰厚的比赛"LVMH Prize，等等。参加这类比赛的大多是一些才华横溢的青年设计师，他们的设计思维活跃，设计观念超前，不受传统框架束缚，锐意创新。国内外许多著名的服装设计师都是从服装设计竞赛中选拔出来的，如国际羊毛标志大奖作为世界知名服装设计比赛，两位世界瞩目的服装设计师均从这个比赛中脱颖而出，一位是女装设计师卡尔·拉格菲尔德，另一位是伊夫圣洛朗，两位设计师的参赛作品均获得国际羊毛局颁发的时尚设计大奖。这两位设计师后分别成为香奈儿高级成衣服装、伊夫圣罗兰品牌主设计师。中国早期的"兄弟

杯"服装设计竞赛,获奖者现在均成为中国服装设计界的顶尖设计师。例如第一届"兄弟杯"以作品《鼎盛时代》获得金奖的吴海燕,她现今是中国美院设计学教授、博士生导师;第四届"兄弟杯"竞赛金奖获奖者武学伟,现任中国服装设计师协会时装艺术委员会主任委员、江西服装学院羽绒服产业学院院长,设计师品牌"WU·D"创始人。二位设计师已是中国服装设计师协会颁发"金顶奖"设计师。第八届"兄弟杯"金奖得主邹游曾在意大利继续深造,现任北京服装学院教授、中国服装设计师协会艺术委员会委员。由此看出,国内外服装设计竞赛是选拔杰出青年设计师人才的有效途径。

目前国内外的服装设计竞赛规模和模式都有很大的发展,各种新颖的服装设计比赛形式开始兴起。比如结合了真人秀节目方式的美国时装设计竞赛"天桥骄子"(Project Runway)、国内的"魔法天裁"。真人秀服装设计比赛将选手的设计、制作过程通过大众媒体平台呈现在观众面前,以吸引更多人对服装设计的关注和兴趣。

竞赛能够促进年轻服装设计师业务成长,提高我国服装设计整体水平。服装设计竞赛参赛选手大部分是我国高等服装院校的在读学生,也有少部分是自由设计师、品牌设计师。服装设计竞赛已成为中国服装院校普遍关注的焦点,是提高学生专业学习能力、提高在校学生学习兴趣的有效手段,各大服装院校都很关注学生比赛的"参与度"。无论参加哪一个级别的服装设计竞赛,都对高校学生专业能力的培养有推动作用,学生除了要学习服装设计与服装制作的专业知识之外,还需把握流行趋势,思考设计与市场需求如何结合。他们在制作成衣的过程中,学习精湛的制作工艺,锻炼对面料熟识的程度,最后思考用什么方式将服装以最完美的搭配进行展现。参赛的过程就是设计师综合专业能力提高的过程,也是各服装企业通过比赛选拔人才、在比赛中寻找新创意产品的过程。为了促进服装设计水平的提高,繁荣服装产业经济的发展,近些年国内举办了各种服装设计竞赛,于是一种带有时尚色彩的新鲜血液——比赛服装诞生了。

第一节　比赛服装的定义

比赛服装即指一切用来比赛的服装。广义上的比赛服装包括各类体育比赛、文艺比赛或各类晋级比赛时参赛者本人穿着的服装和各类比赛中专门用来让模特穿着表演展示的服装;狭义上的比赛服装特指后者,主体放在服装上面。由于各类比赛的参赛者穿着的服装因比赛项目不同要求都不一样,涵盖的范围非常之广,所以前者是个复杂而又庞大的概念体系,这里将前者定义为比赛用装，将后者定义为比赛服装，为了问题的单纯性和阐述的透彻性，本章主要重点研究后者，这类比赛服装主要用于展示及表达设计师的设计理念。

第二节　服装设计竞赛的特点

从服装的艺术形式来划分比赛服装类型，可分为创意型比赛服装和实用型比赛服装。实用型服装设计比赛的评比标准是在实用基础上的艺术创新，它的获奖服装属于普通实用型，可以马上推向市场，促进消费，产生有较直接的经济效益；而创意型的服装设计比赛的评判标准是强调表现自我，要求风格突出，形式完美，有创意和鲜明的时代感。它把人对服装的欣赏引导到更高的层次，给人以一种艺术美的享受，是一种把服装变为艺术品的升华。创意型的比赛服装不考虑在现实生活中穿着的可能性，但从服装的发展来看，创意型比赛服装是比较常见和被频繁运用的。创意型的服装设计比赛是专业性极强的比赛，是考验设计师功力、能力与实力的竞争，世界上很多著名设计师都是以创意服装来创造品牌而一举成名的。

一、创意型比赛服装特点

偏创意型比赛服装的设计侧重于系列服装审美和创新设计，单独制作，通过服装充分表现设计师的创意，并运用面料材质、图案、制作手法等来强调服装的表现效果。这类比赛服装不仅可以进行学术的探讨、艺术的欣赏，而且在推动服装设计业发展的同时又能选拔人才，其主要的特点表现如下：

（一）服装作品呈现美感强烈的系列设计

服装的系列感是指一套服装除本身的色彩搭配、造型结构、面料运用合理之外，服饰配件的运用也能烘托服装所表现的主题，包括帽饰、耳环、鞋、包、手镯、道具等。如果服装是一个系列的，那还包括一个系列中各套服装之间的色彩配置、造型配置、面料搭配、配件安排等是否合理和富于美感。

（二）创新运用服装新材料

作为偏创意型的服装竞赛，特别重视新颖面料的研发与使用。科技新面料、新肌理面料在服装竞赛中的合理运用起到非常关键的作用。只有面料的选择跳出常规圈子，才能创造出给人强烈视觉冲击力的、体现设计师艺术风格的、打动人心的服装新设计。解决这个问题的关键在于设计师将面料与创意相结合的能力。在服装设计竞赛中选择新材料有以下几大优点：

第一，选择服装新型面料可以创造出前所未有的光感与肌理效果，在服装设计竞赛中应鼓励选择新材料，但是要注意服装的穿着安全、舒适、方便性，选择的服装面料尽量满足模特穿着行走的安全与方便。解决这个矛盾的关键是要创造性地利用新材料，使原本不适合制作服装的材料通过合理的处理，变得适合穿着。

第二，服装面料创新本身就是服装设计竞赛追求的目标之一，通过选用新型面料，充分展示设计师的想象力和创造力，开发前所未有的新造型、新配色、新肌理，这正是偏创意型服装设计比赛的意义所在。

第三，在比赛中选用非常规的特殊面料素材，通过结构设计构成服装造型往往有特别的体积感与肌理质感。这往往能带给所设计的服装浓烈的新鲜感、趣味感。

（三）创意服装呈现具有强烈冲击力的舞台效果

偏创意型服装设计竞赛在走秀的时候，呈现出强烈的舞台效果，这是创意型竞赛服装所必须具备的条件之一。创意型竞赛服装设计不同于实用型服装设计，它更加看重的是服装给人的视觉冲击力以及由此而产生的精神上的审美情绪给观众带来的兴奋和共鸣，不过于看重服装的实用性。如果把实用型服装比作一位工匠的话，那创意时装就好比是一位更高精神层次的审美大师。虽然服装通过精细的做工也能体现工艺美，服装精良的做工也可使人产生心灵上的愉悦，但却不可能焕发人的审美激情。

在服装设计竞赛中，一幅好的服装效果图强调的是强烈的画面感。美好的画面形式感是服装效果图在初赛时脱颖而出的前提与保证，这也正是服装画区别于时装摄影之处。服装画为了达到这种强烈的画面形式感，往往要借助夸张的人体动态、夸张的服装外造型。以创意为主的服装比赛为了达到强烈的舞台形式感效果，也要借助服装色彩的铺陈、服装面料的变化，特别要借助服装夸张的外轮廓形式。强烈的形式感，可以通过平面的点、线、面的变化来实现，也可以通过"体"的表现表达强烈的体积感。"体"可以通过服装本身，如裙体、裤体、袖体等部位的夸张变形来表达，也可通过运用面料、装饰等手段产生强烈的肌理对比来表达，再附以合适的特色音乐作烘托，通过服饰配件的气氛营造与模特的演绎，最终创造出一个完整的有着强烈形式感的舞台效果。

（四）优秀的服装竞赛作品弘扬文化精髓

服装所体现出的文化内涵包括两方面：一是传统文化的风雅，二是现代文化的时尚文明。服装设计竞赛通过服装载体表现传统文化中的精髓，作为偏创意型比赛服装设计作品创作思路的突破口，其所呈现的服装的形式是现代的、前卫的，但是传统的东西恰恰是隐含其中的点睛之笔。比如我国传统服饰中的服装结构、轮廓造型、色彩组合等就有很多优秀的形式可以借鉴；我国传统的艺

图1 《释禅》灵感源于佛教文化

图1所示"汉帛奖"第十九届中国国际青年设计师时装作品竞赛金奖作品《释禅》，设计师张碧钗把佛教中的头像、云纹、图案与带有肌理的褶皱、印花、刺绣等技法有机结合，配以简约的H形服装廓形，现代渐变灰色配以不同肌理的立体曲线，将佛教文化有效地渗透到当代时装中，让服装层次丰富，既现代又独具佛教文化特色。如中国国际华服设计竞赛，就是要求参赛作品将传统文化精神与当代生活方式相结合，运用灵活的手法表现传统的要素、丰富的色彩及创新的结构，将传统与创新相糅合的华服设计作品与当代时尚生活完美对接，更好地体现出中国传统服饰文化精髓的当代传承。

（五）强化视觉效果，淡化服装的实用性

偏创意型的服装设计竞赛主要在舞台上或展厅里展示，侧重于它的审美性，在日常生活中是否能穿不作为主要观测点。但是服装最好还是可穿着的，最理想不束缚人体、妨碍活动，偏创意型的服装竞赛作品是以艺术性为主，只不过借用了服装的符号进行表达。偏创意型的服装竞赛作品更看重作品背后的深层次内涵，作者想传达的内容，需要给观者一个情感的共鸣和思考的价值。创意型的服装设计竞赛作品如果过多考虑服装的实用性，设计的精神层面的体现可能会受到很大的限制，主要侧重呈现强烈的舞台效果和新奇服装材料的使用上，很多设计师开始

术形式如剪纸艺术、雕版印刷、木刻石雕以及岩画等都是时装艺术创作的灵感源泉。在创意型比赛服装中特别提倡将传统艺术中的优点提炼出来，与服装的外造型、颜色、肌理、图案等有机融合在一起，既体现出本民族的文化，又体现出当代审美时尚度。如

尝试将塑料、木头、纸张等材料做成服装。不刻意强调这类创意服装作品的实用性，设计师通过艺术语言的提炼，作品非常明了地解读了设计师的内心情态。任何服装设计在传统文化中寻求创作灵感的时候，多不是生搬硬套、照搬原抄，而是梳理传统文化中的糟粕与精髓，取其精髓去其糟粕，传统文化的挖掘要讲究"转化"二字，要以现代的视觉观众喜好的形式合理地"转化"入服装设计作品中。

现代艺术的借鉴也是创意型比赛服设计的方法之一。在服装设计中，如果一味地从传统中去寻找灵感，会让设计陷入历史的禁锢中，使本该轻松愉快的服装变得过于沉重。因此我们不光是从传统文化中得到启示，而且更应该从现代艺术中汲取营养。在运用现代艺术进行思维创造时，要善于利用古代与现代、纵向与横向混合联想思维的方法激发创作灵感，将事物各个历史之间、各个侧面或不同事物间进行分析与思考。世界上许多著名服装设计师就是善于在不同艺术流派、不同风格中找到现代派艺术，历史与时装设计的有机联系，增加服装原创设计中的艺术性与趣味性。

总之，近期中国偏创意型服装设计竞赛鼓励对文化的传承与创新，设计要从文化内涵上去挖掘灵感来源，将传统文化与现代设计完美结合；将传统文化、多元文化、现代

文化混搭往往是创意型比赛服装出新制胜的法宝，也是众多参赛者不断努力尝试思考的方向。

二、实用型竞赛服装特点

偏实用型服装设计比赛强调其市场性，以成衣服装为主，在追求面料品质、服装制作工艺的基础上寻求设计的创新与突破。所有参赛的入选作品首先要符合市场需求、人们的着装习惯和流行趋势，具有较好的时尚度、较高的审美、较完整的系列设计。

（一）紧密结合时尚流行趋势

偏实用型服装设计竞赛作品由于关注生活中的可穿着性、市场销售的潜力，因此原创设计之初必须调研人们的生活方式、消费心理等市场因素。偏实用型的服装设计竞赛尽量兼顾前沿流行信息与时尚的生活理念，展现设计师自己对生活的理解，以设计的形式展现意图。偏实用型服装设计竞赛中的作品一般没有过于夸张的外形轮廓，通常参赛设计师会调研下一季的流行色、流行款预测信息，设计出带有较明显的流行色趋势、前卫廓形感的系列服装，综合体现设计师对时尚的理解，充分体现设计师较高的造型与颜色控制水平，较理想地体现出服装多元化的个性风格。

（二）复杂精细的做工与舒适的新型面料

偏实用型服装设计竞赛因为更加看重产

品的市场化，所设计的服装不但要新颖美观，而且要满足人们的功能性及穿着的舒适性需求，这类服装在做工上的要求与质地精良的成衣是一样的。优良的做工包括各项合乎规范的技术指标：服装该用人字车的用人字车，该用双针车的不能用单针车；服装该归的地方归，该拔的地方拔；所有的毛边都应该码边；服装板型与设计吻合，该合身的地方要精准合身，比成衣常规留放的余量可能更小些；省道的处理要既美观又准确等。缝制完成之后还要不厌其烦地修改。对于面料的要求创新舒适，鼓励选用最前沿的科技面料，尝试各种新面料的处理方法，虽然不能像创意型比赛服装选材那样百无禁忌，但讲究面料新颖有新意、使用方法实用有创意，努力打破材料直接使用造成的视觉单调枯燥感。

（三）完美的配色与整体的系列感呼应

在偏实型服装设计竞赛中，整套衣服上下内外搭配协调呼应，每套服装之间的风格特点应具有强烈的整体系列感。单套服装的完整性要从一套服装本身的色彩搭配、造型结构、面料运用合理等方面去考虑，使其具有整体新鲜美感，服饰配件，如帽子、耳环、鞋、包、手镯、道具等合理运用，通过服饰配件搭配，丰富整件服装的颜色造型层次，能够强化服装主体风格，营造整体色调和风格气氛；同时，通过每套服装之间系列

感的搭配，整体考虑各套服装之间的色彩呼应、廓型协调和面料搭配，包括配件搭配色、形的协调性，提高服装设计之间的系列整体感。

（四）合理的工艺保证服装品质

偏实用型服装设计竞赛侧重点是设计师针对市场展开设计的能力，因此所设计的款式最好能够直接对接生产，在设计上尽量工序合理，可在机械化流水线作业中操作。这对设计师的设计想象限定了框架，同时也增加了设计师对服装厂实际操作了解的程度。服装不是随意画画稿子，而是必须有合理的制作流程直至完成作品。

三、服装设计竞赛的共性

综上所述，所有的参加服装设计竞赛的作品，无论是侧重创意的还是侧重市场的，服装设计都是在功能性和审美性之间滑动的，大部分服装设计大赛提倡兼顾实穿性和审美性，所设计的服装共同的特点是：每套服装内外、上下搭配呼应，每套之间有明显的系列感。这个过程锻炼了设计师对审美的整体把控能力及整体服装的搭配组合能力。大多数服装设计竞赛都有3—5套的数量要求，主要考核参赛者能不能把握服装的整体系列设计感。参赛设计师必须运用"系列手法"去设计完成整套服装。

但是要注意不能一味地强调系列性而忽

视了对每套服装内外、上下搭配的变化，充分展现的每套的个性。每套衣服都有共性但各不相同，每套服装的个性通常体现在每单套服装的独特性和异它性上，包括形态、款式、造型、面料的构成，形式上都可以出现形状、数量、位置、方向、比例、长短、松紧的不同来体现，只有同时兼顾共性、保证个性的服装设计作品才有可能成为优秀的参赛作品。为了体现参赛系列服装设计作品的关联性，通常在各套服装款式中都含有相似的元素，这些元素常常是基本廓形或部分细节相似，面料色彩或材质肌理的相近，结构形态或披挂方式的共性，图案纹样或文字标志风格一致，装饰附件或装饰工艺在每套服装中以不同的面貌出现，相似元素呼应形成了服装款式设计的整体系列感。所谓每套服装各部位之间、每套服装整体之间的有机联系，实际上是指服装上下装之间，每套服装之间对比与调和的表达带给观众美感情绪的高低，设计的更高境界是系列服装共同烘托出主题思想、作品本身解读了创作者的内心情态和强烈的艺术调性。服装设计系列感是所有服装设计竞赛都会要求的，在竞赛中设计水准越高的服装，观众能够获得更高的情绪与美感享受。

服装设计竞赛的作品套数要求主要是受展赛规模的影响，展示空间规模越大，参赛套数要求越多，展示效果会更加丰富。所有的参赛作品在展示的时候，都要强调作品要给人带来强烈的视觉冲击力，视觉冲击力越大的作品往往获奖的概率更高一些。

第三节　服装设计竞赛的分类

因举办方举办服装设计竞赛的原始宗旨不同，服装设计竞赛对参赛服装作品要求根据侧重可分为偏艺术创意类与偏市场时尚与创意并重类两个方向，所以要做好比赛服装的设计先要了解各类比赛的类型。服装设计竞赛根据其不同分类方式分成不同类型的赛事，不同的赛事对服装设计要求不同。

一、按参赛的设计宗旨分类

主要有偏艺术创意类时装设计比赛，如"汉帛杯"服装设计竞赛（原"兄弟杯"服装设计竞赛）、全国美展服装设计分赛、中国国际华服设计竞赛、全国高校数字艺术设计竞赛、"大连杯"国际青年服装设计竞赛等；偏市场实用类服装设计竞赛，如"真维斯杯"休闲装设计大赛、"中华杯"服装设计竞赛、"大浪杯"中国女装设计竞赛等。

二、按服装类别区分

按举办的服装竞赛类别来分，可分为童装、女装、男装、职业装、内衣、针织、皮草类等专项比赛。专业类竞赛一般是偏市场类赛事居多。围绕设计主题开展设计，具体有童装设计竞赛，如"中华杯"童装设计竞赛、"中国·织里"全国童装设计竞赛；职业装设计竞赛，如中国职业装设计竞赛、中国校园服饰设计竞赛；休闲装服装设计竞赛，如"真维斯杯"休闲装设计大赛；男装设计竞赛，如"常熟杯"男装设计竞赛、"中华杯"男装设计竞赛；女装设计竞赛，如"虎门杯"服装设计竞赛、"大浪杯"中国女装设计竞赛；皮革装设计竞赛，如"真皮标志杯"中国裘皮竞赛；毛皮服装设计竞赛，如中国国际青年裘皮服装设计竞赛；羽绒服服装设计竞赛，如中国平湖服装设计竞赛（羽绒类）、"雅鹿杯"服装设计竞赛；针织服装设计竞赛，如中国（大朗）毛织服装设计竞赛、全国毛织服装设计竞赛；牛仔服装设计竞赛、泳装设计大赛，如"浩沙杯"泳装设计竞赛；内衣设计竞赛，如"中华杯－安莉芳"内衣设计竞赛、"欧迪芬杯"内衣设计竞赛；婚纱礼服设计竞赛，如"名瑞杯"中国婚纱、晚礼服设计竞赛；服装绘画竞赛，如"中华杯"国际服装绘画竞赛、"天意杯"服装绘画竞赛等。

三、按举办单位分类

有中国文联、中国服装设计师协会、中央电视台牵头举办的各类服装设计竞赛，如"CCTV杯"服装设计竞赛、中国服装设计

新人奖、全国美展服装设计分项。有省市级服装协会、省政府举办的服装设计竞赛，如"紫金奖"文创设计竞赛服装设计分项就是由江苏省政府牵头举办的，是提倡兼顾市场性与创意性并重的赛事；"雅鹿杯"江苏省服装院校学生设计竞赛是由江苏省服装协会举办的赛事；"YKK·东华杯"研究生服装设计竞赛是与企业联合举办的服装设计竞赛。

四、从参赛选手规模分类

有国际级别的服装设计竞赛、全国性服装设计竞赛、地方性服装设计竞赛和行业团体类服装设计竞赛等。如"汉帛奖"中国国际青年设计师时装设计竞赛，参赛的选手就来自世界各地，大部分作品来自国内选手，由于参赛选手来自世界各地，归类应属于国际级别的服装设计竞赛。

第四节 竞赛服装的设计流程

服装设计竞赛的艺术创作过程有其特有的程序与步骤，具体的设计程序如下：

一、获得信息

凡是意欲参加服装设计竞赛的设计师一般都是通过以下几种方式获得服装设计竞赛征稿通知：服装专业报刊、服装专业网站以

及各省市的服装协会通过网络向各服装院校、企业发布通知等。尤其是连续举办的全国重要赛事，每年会在相对固定的时段同时在各大媒体上刊登通知，一般这些通知会在正式比赛前4—6个月刊登，当地服装行业协会或服装设计师协会会向会员发布，服装专业网站利用服装网站发布搜索引擎，这些网站将服装竞赛征稿通知发布在网站网页上，现在还有微信渠道同步发布比赛通知。这些渠道会让设计师快速获得全面的服装比赛第一手征稿资料，能给参赛设计师留有足够的设计制作时间，但是对于参赛通知要进行全面分析，避免在设计的时候产生误判。

二、了解竞赛特点

每个服装设计竞赛都有其设计要求与倾向特点。设计师在参赛之前首先要摸清比赛对作品的要求，根据参赛文字要求与历届参赛获奖作品分析，初步判断作品是偏创意设计还是偏市场服装设计；分清设计品类是职业装还是休闲装，避免空投无效稿件：1. 偏艺术创意类服装设计比赛以设计创新为主，侧重于意识及形态方面的创新，包括设计思维创新、制作表达方式创新、设计取材及搭配方式创新等。要求参赛作品的思想意识积极健康、设计构想奇妙、视觉形态新颖且极具艺术审美价值。艺术创意类设计竞赛并不

要求设计作品产生即时的市场效益，但最好有一定的潜在市场价值和可操作性因素。此类设计竞赛是对设计创造能力的一种综合展现。2. 偏市场实用型服装设计比赛以适应特定服装市场需求为主，设计创新在一定的限制范围内进行，这种限定范围主要包括服装类别、服装品级、服装目标市场、服装流行因素等。此类服装设计竞赛要求参赛作品在商业务实的前提下展开设计思维，作品要有明确的目标性和现实的市场推广价值。这对设计师的市场了解和把握程度有较高的要求。

分析服装设计竞赛品类，如毛皮类、针织类、职业装类等。专业类服装设计竞赛是指针对某服装品类专门举办的服装设计竞赛，如休闲装设计比赛、皮装设计比赛等。专业类设计比赛往往有明确的风格或主要材质的限定，且大多数要求服装设计是偏市场性的服装作品。专业类设计比赛要求设计师有较强的专业知识和素质，尤其在专业材料和特色技术方面要有深入的了解。

三、研究主题

每个竞赛都会有一个主题，为服装设计竞赛指明方向，它蕴含了此次服装设计竞赛对作品要求的指导思想，它直接影响服装设计竞赛参赛服装作品的具体表现形式。服装设计竞赛的主题构思影响参赛者构思

作品元素的构架组合以及设计方向。设计师把握好主题的内在含义并用恰当的题材来表现，是否成功迈出参加服装设计竞赛的关键性一步。

近年来，国内外的服装设计竞赛大多都是命题设计。因此，在设计之前，应对主题命题进行较细致的分析和思考，先弄清题意的内涵和外延，在审题之后要理清思路，寻找创意元素灵感的切入点。例如"大连杯"国际青年服装设计竞赛是由中国服装设计师协会和大连市人民政府主办的国内最早的国际性服装设计赛事，被誉为中国服装设计师成长的摇篮和孵化器。2022 年第三十一届"大连杯"国际青年服装设计竞赛坚持以挖掘和培养优秀青年服装设计师为宗旨，围绕"国际服装文化与设计交流平台""中国新锐设计师孵化平台"和"企业与设计师协同设计平台"的新定位开展活动。竞赛主题是"乘风破浪"；作品要求：1. 范围：男 / 女装成衣（面料及材料不限）；2. 系列：秋冬系列；3. 符合竞赛主题及要求，具有鲜明的时代性和文化特征；4. 参赛作品要求：基于同一概念设计的 3 套组合作品，其中 1 套为具有发散性思维的创意概念设计，2 套为具有商品特性的实用设计，需明确目标市场人群及适用场合；5. 作品设计稿：彩色效果图、款式图及设计说明，规格为 27cm×40cm，JPG 格式，

附面料实物照片；6. 实物作品：要求符合效果图，结构完整、制作精细、配饰齐全、表现形式完美；7. 参赛作品须为未公开发表过的原创设计作品。从新发布的"大连杯"服装设计竞赛内容中可以看出，参赛服装设计要创意时尚与市场二者兼顾的秋冬时装。

（一）具象命题的分析

有些命题比较具象，即指向明确，限定清楚，基本情调较为稳定，在审题时比较好把握。第二届国际中国华服设计竞赛的设计主题为"仪裳风尚"，本届华服设计竞赛希望征集具有中华民族历史文化基因、同时结合当代精神风貌的设计，遵守传统服饰着装礼仪，同时适合现代社会着装场景，传承华服文化传统，展现时代文明风貌，具有鲜明的美适度和辨识度，广泛用于国际交流、文化交流、商贸往来以及日常节庆、典祭等场合。这一主题提出设计的服装要体现中国传统文化优雅内涵的要求，这个主题给设计师指明了设计方向。其参赛入围作品有《愿君多采撷》《母背上的霓裳》《紫气东来》《有凤来仪》《山河阡陌》《洛神赋》《京韵盛世》等。设计者将中国的传统服饰、传统文化艺术与国际流行的时尚元素结合起来，题材的选用和表达，既有浓厚的中国传统文化气息，又有强烈的时尚感，将传统的古装变得更加时尚化、国际化，既符合时尚潮流又有新的突破的时装。

（二）抽象命题的分析

有些命题较为抽象，大多指向思想或精神方面在设计中的体现，设计局限性较小，设计师可以有更多的发挥空间。例如，2022年第六届"James Fabric 杯"休闲装创意设计竞赛将产品类型限定为休闲装，竞赛主题为"万物有灵"，打破艺术、时尚、工作和生活的陈规，通过对自然的抒写，对万物生灵的思索，还原生命的纯粹和本真。选手可选用占姆士所提供的面料，结合主题搭配其他面料进行设计并完成制作。竞赛秉持公开、公平、公正的原则，注重参赛作品的专业性、原创性、时尚性，强调在深度理解主题内容基础上，以文化创新提升设计内涵，着重突出商业价值和市场潜力，旨在发掘优秀设计人才，从而打造专业、多元、全面的设计师交流与企业合作平台。

（三）灵感构思

通过审题，明确了主题的内涵和外延后，即着手收集与主题相关的"直接灵感""间接灵感"资料来思考如何表现主题的题材。如主题"中国风"，可从各种渠道收集中国传统服饰的图案、色彩、结构、配饰、面料、工艺以及国际服装流行元素和国内外服装设计大师有"中国味"的服装作品等直接信息，亦可收集与服装无关的诸如陶瓷器、青铜、舞蹈、折扇、戏剧、剪纸、水墨画、书法、中国结以及中国功夫、中式建筑、中式家具等间接信息，寻找灵感的火花。如图 2 所示"汉帛奖"第二十五届中国国际青年设计师时装作品竞赛银奖作品《山水图》，该作品的设计师蒋娜紧扣竞赛主题"留白"，将山水画灵活地运用于连衣裙设计，使整个山水画面在服装上的运用显得自然舒畅，给观众更多的想象空间。连衣裙下半身适当留白，既切中主题，又以连衣裙为载体渲染出中国山水的唯美意境，透出一种雅致、安逸的生活理念。又如"低碳地球"的命题，就应去收集有关环保方面的直接或间接的信息，如与服装相关的环保面料、工

图 2　山水画在连衣裙上的灵活应用

业污染、废水处理、动植物保护等人与自然关系的信息以及现有的国内外设计大师有关环保的作品等。

在捕捉灵感资料和信息的时候，要把瞬间的灵感火花用笔勾画记录下来，必要时再配以文字说明，对所接触到的使自己感兴趣又易产生联想的信息加以整理，初步确定一个构思的方向。如"中国风"这个主题，当设计者对收集的信息进行整理时，可能会对中国山水画产生兴趣，中国水墨山水画那种内在的雅致意境、那种若有若无给人无限想象空间的感觉，就是设计者产生灵感的源泉，那么设计者构思的切入点就是中国山水画，即选定了表现主题的题材。如图2所示。

（四）确定系列服装款式

通过前期对设计灵感的分析与思考，将灵感转化为设计构思，运用设计学中的美学原理，确定服装设计款外形，可按照相似又不同的原则，将服装外形的元素进行变化从而衍生成十几个服装外廓型，从中挑选系列感强、视觉效果最佳、变化层次丰富的5套确定下来，强化共性元素如纹样、外形、肌理等变换不同位置、方向或将共性元素进行衍变后，服装整体应是既统一又有变化的系列服装形式。在比赛服装的系列设计中，设计主线要清晰，组成服装的每一要素都占有

相当的地位，一般应有一至两种要素占据主导地位，其他元素可增减。每套款式主要围绕设计重点拓展延伸，保持每套服装既有鲜明的个性，又有整体上的艺术性和系列性，促使两者达到和谐和统一。

（五）服装效果图绘制

服装设计竞赛的设想方案需要先绘制草图，草图的数量大于正式图稿许多倍，在草图中不断尝试各种比例、尺度的组合，从中挑选5—8套完善成设计效果图。挑选后的草图需进一步完善轮廓、细节、比例等，并关注每套作品独特的个性和创新点是否足够，各套之间的变化是否丰富，并认真检查其造型风格是否贯穿在整个系列之中，系列作品应用的设计要素是否有连贯性和延续性；单套颜色的运用和系列配色组合是否体现出一组主色调的色彩效果，并有节奏地化分在系列的每一个款式之中；纹样风格是否统一，表现纹样的手法是否一致；材料能否形成整体协调而又有局部的变化性；装饰手法、缝制工艺是否表现为统一的风格；配件、饰品和格调等是否与系列作品存在内在联系和相呼应的关系。确保各套之间共性元素有强烈的系列感，最终的服装效果图应是整体呼应协调的，并且每个单套又是视觉完美、层次丰富的。

第二章
服装设计竞赛的设计思维

第一节 服装设计竞赛中的设计创新思维方式

在偏成衣的服装设计理念中，服装的商业化、市场需求因素考虑得较多。我们发现，在服装品牌中，总有一些服装经典样式具有持续的生命力，每一年都以不同颜色的面料与相似的款式活跃在各季发布会中，每年都会在基本款基础上进行改良推出新款。他们多从经典服装样式出发，在保留其固有的基本特征基础上，比如经典的burberry风衣款遵循传统审美意识，不断结合新工艺、新设计、新面料等，不断改造、拓展，使其焕发出全新的魅力。这种保守思维有助于传统审美观在消费者中的传承，延长服装的生命力。因此，要想推陈出新，设计师就必须熟悉消费者的需求，善于将传统与时尚、古典与流行做出最佳的和谐搭配。这种思维方式多见于成衣的设计构思中，也有助于一个时

装品牌DNA的传承与延续。例如，设计师卡尔·拉格菲尔德担任香奈儿设计师后，在保持香奈儿粗花呢提花面料、金银丝镶边装饰、珍珠饰品等优雅名媛的风格的前提下，不断改变廓形与颜色，增添活泼趣味，使之变得更加年轻、现代和成熟。

传统思维中内含着意向思维，它指的是一种意图和目的明确的思维模式。这种思维在市场化的成衣服装设计中经常用到，在偏市场实用型设计为主的服装设计竞赛中也常会用到，它的设计定位、顾客群、需求非常具体明确。这种设计方法首先要求设计师能够准确把握市场和消费对象定位，紧密接触流行趋势，引导消费者的购买行为。它要求设计师在设计常规服饰基础上去做拓展与变化，比如一谈起西服，常规设计马上会想起翻驳领、戗驳领、一粒扣、二粒扣；一说起礼服，大家就会想起华丽的面料与立体的剪裁……这就要求设计师在一定的服饰普遍性

认知共识基础上去研发新款。采用这种思维进行构思，根据明确的设计目的，让设计师在此基础上去发挥，因此很难有大的造型突破，但设计任务相对更容易驾驭。这种偏向市场化的成衣设计，如何层层深入分析，找到市场关注的热点，找出解决问题的方法，形成较稳定的大众认可的款式。这种设计思维方式的目的性、功能性很明确，在设计之初已有很强的逻辑性和推理性，较容易迎合普通大众审美。而如何通过改良廓形、肌理、颜色找到最佳创新点，反倒是这个意向思维需要不断深化的思考点。传统思维、意向思维在常规成衣款式研发中用得较多，对于创意服装的设计来说，这种思维方式有明显的局限性和消极性的一面。它易把设计师的思维禁锢在一个习惯性的框框中，难以取得较大的设计突破，因此这种思维在原创服装设计比赛中应用得较少。

一、逆向思维与创新

逆向思维在服装设计竞赛中运用较多，在服装设计过程中，逆向思维法是指有意识的、以科学的反其道而为之的思维逻辑去完成设计。这在某些先锋服装设计品牌中经常用到，如安杰拉·马吉拉常用逆向思维方式打破原有设计。逆向思维是一种否定性的思维方法，思维不停地从逆和反两个方向延伸，试图冲破传统习惯模式的禁锢。从批判

否定现有的设计方法的视角，打开创造性思维的大门，步入新的创造思维空间。鲁道夫·阿恩海姆在《艺术心理学》中指出："如果有某种特定的需要，无秩序也可以是吸引人、诱惑人的。它提供了一种天然不规则的自由形式，而且本身就是对组织严密化之受害者的一种慰藉和解脱。"打破服装设计固有的秩序，反向观察思考服装设计，有时更能引起人的注意，增强服装作品的视觉冲击力。

逆向思维这种反叛艺术创作的灵感源于生活，是创造性思维的典型方式，集中体现了创造性思维的独特性、批判性与反常规性。逆向思维的基本思路是：思维做反方向运动，采取与常规思考问题相反的逻辑，把对事物的思考顺序反过来，突破常规进行思考，将思考推向深层，将头脑中的创意概念挖掘出来。现代设计师对服装艺术创作更要持反判态度，敢于挑战权威和秩序，设计思路超越自然、解剖常规法则和规律。反叛的逆向思维创立了一个更加丰富多元的服装设计新领域。虽然这种反叛理念刚生成时，会存在许多不成熟的尝试与问题，但是通过不断地梳理、阐释，会产生新的思想和设计新规则、新秩序，进而推动艺术的创新和进步。

作为一名服装设计师，在参加服装设计竞赛之初，要从多角度多方向进行逆向思维

的设计，逆向延伸创意思维空间。逆向思维方法是一种强制性的思维手段，可以帮助设计者彻底打破习惯思维、传统的思维模式以及知识、经验带来的思维制约，拓展设计者思维的创造力和想象力。如：安杰拉·马吉拉、江南布衣品牌特色就是经常使用解构主义思路解构、重构新服装，品牌的部分产品运用解构设计方法处理，为了寻求全新的造型、颜色的突破，把原有整个服装、图案、衣片等放在相反或相对的位置上进行逆向设计思考。这种设计方法在服装设计竞赛中经常会运用到。逆向思维的思考角度是以

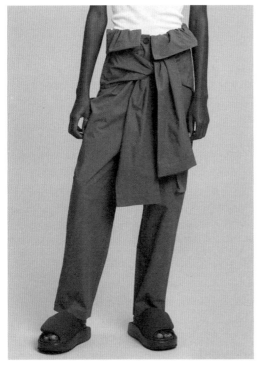

图3　袋盖的分解重构强化腰间褶皱设计

180度大转弯形式进行的，打破常规思维方式可以带来意想不到的另类设计结果，可以以设计的色彩、素材、造型等设计要素为切入点，也可以把题材、环境、故事、形式作为设计的灵感点。在服装设计竞赛中逆向思维的设计方法需要灵活的运用，不能生搬硬套，如内衣外穿、面料与里料的相反使用、服装前后面的逆向使用、宽松与紧身的逆向等。设计款式在保持较好的审美高度上对服装细节部分进行逆向思维设计，给比赛服装设计带来全新的感受。如将服装中商标外贴；部分部位装饰了铆钉和螺母作为设计亮点，在肩部进行装饰使服装更有摩登时尚简约之感；如服装里衬的透明设计打破了传统服装工艺的制作方式，将服装的口袋布料和商标透过透明里布显示出来，增加了新颖有趣之感。另外，有的图案设计把昆虫放置在服装表面，也可给服装带来新鲜趣味。如图3，通过对口袋盖的分解及在腰间重构，运用本色面料绑带在腰头系扎产生褶皱的效果，凸出女性腰部曲线。

在服装设计竞赛中这种灵感的寻找是有一定难度的，并不是每个人都能找得出这种灵感并能以面料再造的方式表达出来。这就要求设计师重视对周边环境的感知，同时重视对生活经历、知识、经验等的积累。设计师可以涉猎天文、地理、绘画、摄影、高科技产品等知识领域，要学会将服装的某一个

局部或宏观的思考与设计师所具备的知识相融合或进行嫁接，通过设计表达出一种感觉，这个感觉可以很模糊，也可以很具象。设计师实际表达出来的这种感觉是一个从感性到理性的过程，也是一个从模糊到具象的过程，通过表达可以看出设计师的思维深度、思想情态的状况，是设计师一种自我情绪的表达。

寻找感觉的过程是很漫长的，有很多时候是漫无边际的。但是，如果跨过这样一个阶段，就会找到灵感的思路，而一旦掌握这样的方法，就会从中找到无穷的乐趣。到那时就会觉得身边一切材料都可以给你感觉，你无论看到什么，都可能引发再创造的冲动。它所产生的设计作品会令人耳目一新，让作品更显得标新立异、富于个性化和新鲜感，但如果处理不当则会产生癫狂呕吐的感觉。因此创新尝试会产生两面性，在创新中抛弃负面的、癫狂的，留下奇特美的设计是逆向思维的核心任务。

服装设计竞赛就是一种提倡创造、创新的设计活动。富有创新精神的设计师，为了达到创新目的，可以抛弃各种障碍甚至包括自己原已熟悉和常用的方法。只有掌握逆向思维的真谛，才可以突破固有观念，另辟蹊径而获得设计形式上的创新性路径。如对原有素材的形象进行"破坏性"的拆解，只有变异才能达到抽象化的设计效果。这种"解

构"到"变异"再到"重组"的过程就是逆向思维的体现，可以在着装观念、款式构成、材料选择、色彩配置、制作工艺、搭配形式等多个方面展开逆向思考。如男装女性化、牛仔奢华化、高级时装街头化、内衣外穿等都是逆向思维的结果。如图 4 中特洛耶·希文（Troye Sivan）的穿搭一直极具个人特色，在 VMA 红毯中他身着 FENDI 2022 春夏的露腰西装，大秀腰腹线条。由此可见，如今展示身材曲线不再是女性的专利，男士露肤展示身材的逆向思维设计，同样展现男人亮丽细腻、充满活力的另一面，是一种完

图 4　露腰腹线条的男装设计

全不一样的着装理念。

现代社会的服装消费市场表现为多元化的审美情趣，变得更加自由与丰富。随着社会的发展，顾客对审美的追求也更加多样化、个性化。服装设计师协会行业举办服装设计师竞赛，也是为了顺应市场的要求，在参加服装设计竞赛之前应该了解市场，了解消费者的生活方式及需求，了解比赛的专业性领域要求等，在此基础上充分发挥设计师的主观能动性，通过常规思考与逆向思考两种思考方式，让设计思维跳跃、丰富起来。例如，对于衣着的一般审美标准来说，整齐干净、光泽柔和的面料更容易获得大家的认可，但我们所熟悉的日本设计师三宅一生从逆向思维出发，做出了极富个性的"一生褶"。在造型上，他开创了服装设计上的解构主义设计风格，借鉴东方制衣技术以及包裹缠绕的立体裁剪技术，在结构上任意挥洒，释放出无拘无束的创造激情。在服装材料的运用上，三宅一生也改变了高级时装及成衣一向平整光洁的定式，以各种各样的材料，如日本宣纸、白棉布、针织棉布、亚麻等，创造出各种肌理效果。三宅一生打破服装上的禁忌，使用任何可能与不可能的材料来织造布料，他是一位服装的冒险家，不断完善着自己前卫、大胆的设计形象。常规思维与逆向思维是我们在思考问题时的两个对立角度，它们之间互相依存、相互影响，有

时在一定条件下还互相转换。在设计时兼顾这两种思维交替碰撞产生火花，核心目的是创造出新、奇、美的服装作品来。

二、抽象思维与创新

抽象思维在服装设计竞赛中的应用易产生当代艺术感、时尚感强的设计。服装设计的抽象思维是人们在服装设计活动中运用概念、判断、推理等思维形式，对客观现实进行间接的概括性反映的过程，这种思维属于推理提炼性设计思维。抽象思维是人们通过体验和思考逐步形成的，它能简洁地提炼素材的本质特征，表现素材的精神内涵，从形式上达到似与非似的突变创新。在服装设计竞赛中，抽象思维是一种更深层次的、有效的服装设计思维途径，除了设计师的艺术修养和综合知识体系外，还需具备超凡的逻辑思维能力，拥有这样的思维逻辑在服装设计创新方面具备很大的优势。例如日本的当代艺术家草间弥生就是一个不疯魔不成活的极端艺术家，她的思绪处在疯魔与清醒之间。她的作品特色是在具象的外形轮廓下用抽象化的点排列将内部重新分布分割，创作出超出常人想象的新作品。设计师本身的艺术修养和设计感觉，加之推理性的抽象思维方式，综合起了关键作用。

推理性的抽象思维是对服装参赛作品创作最好的深入改造方法之一，它的强项在于

不一定要具备充足的素材条件，完全可以通过递进式的判断深入完善作品，是一种理性的提炼创新方法。这种方式与其他方法混合运用，设计拓展思路会更加开阔。例如设定一个服装设计主题开始创作，从服装设计初稿开始，第一步面对最粗略的服装廓形设计草图，进行思考、联想，将草图用不限制的思考方式制作绘制成服装草稿。第二步可以对着服装草稿进行进一步的色彩描绘，工具不限。当然，这种情况下仍然需要进一步的思考和联想，甚至对客观色彩进行优化和改造。这时完成的第二步设计稿相对于最初的草稿会有很大程度上的质变。然后第三步的制作环节又开始了。这样循环几轮下来，作品也会有意想不到的巨大变化，这种推理递进更为复杂，但也给创作提供更深程度的启发。

抽象思维设计是一种较高难度的设计方法，它需要提炼和挖掘面料素材的深层次想象力。在服装设计竞赛中，运用自由思维方法来做服装设计创新，不再现素材面料的表象特征，而是浓缩其想表达的精神内涵特征，以服装形式语言再现其深刻的内涵。它是把灵感转换成视觉语言后实现服装设计创新，一般将原有服装造型高度提炼简化或夸张变形成新的造型，达到神似而不是简单形似的效果。经过抽象思维的提炼，通过变形转化成与之看似不相关的新图案、新造型，

这种高度提炼服装外形特征而忽略其真实形状的思维转化方式，在服装设计竞赛中形成较高意境的服装抽象化、风格化表达。服装创新设计更加关注的是设计师的观念，突出设计师个性化的风格，因此服装设计竞赛更关注如何使用抽象思维来转化表达设计作品。

抽象思维的设计对象非常广泛，包含了文化艺术、社会动向、民族文化、科技等。各个艺术之间有很多触类旁通之处，服装设计与绘画、音乐、舞蹈、电影、文学艺术之间，各类艺术的素材都可以给服装设计带来新的表现形式。因此服装设计师在设计过程中，将建筑、绘画、民间染色工艺等艺术形式融会贯通，带来无穷的设计灵感。设计师通过自身的角度再次对其进行发散思维后的重构，以抽象的形式融入服装的每一个细节中，从而表达出设计师的原创设计精神理念。例如雕塑作品中最重要的材料之大理石，作为设计素材以简洁硬朗的线和面提供了抽象几何的多种面的灵感，根据射入的光线的不同又形成了多种明度变化，分割的线条充满了未来的摩登气息，这类建筑感极强的设计带给服装设计师的奇特灵感，可以任意发挥，这种思维方式在服装设计之初并没有明确的目标，它打破合理的思考角度，选择不合理的角度进行思考，逐渐将迸发出的灵感聚集后展开服装设计。

三、自由发散性思维与创新

自由发散性思维更加适合体现偏艺术创意类时装设计比赛。这种通过自由发散性思维设计的服装不受风格、题材、款式、色彩、面料等元素的限制，服装设计思维更加驰骋，天马行空。设计时可以多视角、多方位地来思考设计问题。发散思维是以一个问题为中心向外辐射发散，产生多方向、多角度的创作灵感尝试方式。发散思维能使设计者从更广阔的空间中创造新的创作灵感素材，所有的艺术创作离不开发散思维。服装设计竞赛作为一种鼓励原创服装设计艺术活动，肯定离不开发散思维的思考模式。这种思维模式不受常规思维方式的局限，而是综合创作的思想主题、精神内容、受众对象等多方面的因素，以发散性思维作为思考的方向点，在吸收各种艺术风格、社会现象、民族风情、自然物态等基础上进行发散性尝试，借鉴吸收的设计要素进行各种尝试，将其综合运用在自己的服装设计作品中。因此，发散思维方式作为推动服装设计及艺术思想深入结合的动力，是艺术创新设计思维的重要表现形式之一。

在服装设计中，运用发散思维穿越已有的传统思维方式及设计理念，借助横向类比、跨域转化、触类旁通等方法，使设计思路沿着不同的方向扩散，然后将不同方向的

思路记录下来，进行调整，使这些多向的思维观念较快地适应、消化而形成新的设计概念。如图 5 所示这款 Moschino 2022 秋冬的女装将古典家具——阀门融合在西装设计中，并且巨大的斜肩蝴蝶结和板正的西装混合并置，挑战传统审美标准，属于带有试验性质的创新设计。如图 6 所示，guopei 品牌的设计师郭培才华横溢，思维多变，是近年来走向国际时尚舞台的中国设计师。在她的每季的发布中，通过其设计的作品，我们可以看出其立体思维的运用。在她的作品中我们看到了各民族富于特色的服饰、传统文化的缩影、各种社会背景等的穿插融合，让我们一

图 5　Moschino 2022 女装中西合璧设计

图 6　guopei 2019 秋冬传统元素混搭设计

次又一次感叹设计师对服装精美的诠释与独特的造型方式。

发散思维的运用，使服装原创设计的领域变得更加宽广了。除了考虑自身的实用价值以外，它也可以是服装形式的艺术珍品，也可能是幽默调侃世间万象的道具。总之，自由思维方式必定是反传统设计的武器，也是通过服装这个媒介表达设计师创新与精神审美结合的理想方式之一。

四、联想思维与创新

联想，是创意设计的关键。客观事物之间是通过各种方式相互联系的，这种联系正是联想的桥梁，通过这座桥梁，可以找出表面上毫无关系甚至相隔甚远的事物之间的内在关联性。联想设计艺术语言的运用是自然审美在服装设计竞赛中重要的语言形式，它不只是简单的形色模仿，而是具有自然的"形"，还传递着由联想而延伸出的"神"，形成连接设计悟性和构思雏形的纽带。联想是形成设计作品的基础，指由某事某物而想起其他相关的事物。联想有接近联想、类似联想、对比联想、因果联想等。通过联想，可以开拓创意思维的天地，打开创意思维的通道，使无形的思想向有形的图像转化，开创出新的形象。

形象思维是指将具体的形象或图像作为思维内容的思维形态，是人类能动地去认识和反映世界的基本形式之一，也是艺术创作主要的和常用的思维方式。形象思维方式通常借助艺术语言和素材来完成艺术作品。艺术语言是创作者体现自我创作构思的技术手段和造型表现手法的总和。形象思维的过程是从印象再到形象逐步深入的过程。艺术语言与各种不同材质和质感的素材结合，充分发挥和利用各种造型语言，按照形式美的规律，合理布局，不断创新和创造，赋予创作丰富的情趣和艺术生命力。

服装设计的形象思维是在对现实生活进行观察、体验、分析、研究之后，将体会到的强烈感情色彩，通过想象、联想、幻想之后做出的总结归纳，运用造型、色彩、素材去塑造完整而富有意义的服装人体形象，从而表达自己的服装创作设计意图。服装设计中通常以移植、重新组合、模仿、想象方式进行创新拓展。通过蕴含在设计作品中的理想形象对感性形象进行再归纳提炼，由表及里、去伪存真，筛选出合乎要求的服装造型素材，再在想象的基础上整合各类元素进行有机组合尝试，从中找到服装设计中的创新、奇妙、美好的设计亮点。形象思维从事和物的表面形状或色彩切入展开设计的情况较多。自然素材历来是形象思维在服装设计上的一个重要灵感来源，大自然给予我们人类太多的形象思维素材，譬如雄伟壮丽的山川河流、纤巧美丽的花卉草木、缤纷多彩的动物世界等。大自然的奇幻色彩，为我们提供了取之不尽、用之不竭的素材。服装设计中联想艺术语言的广泛运用，从民族民俗风貌、街头艺术、新艺术风格、古典主义思潮、高技术风格、装饰主义、复古风貌、自然生态主义中汲取灵感。这些艺术风格广泛地"模拟仿生"，客观地真实记载自然形态，表现的是自然神韵和内在精神。现代服装设计竞赛的任何作品都离不开民族艺术作为灵感来源素材，设计师经过反复思考、实践，当今服装设计的发展总趋势是多民族文化的相互融合。融合不是把民族服饰生搬硬套，而是根据当代人的审美变化，捕捉社会环境

的变革，把当代艺术的发展、科技成果的进步成果有机地结合起来。从某种意义上说，是人类的思维方式、生活方式因科学而发生改变，服装设计作为以人为本的艺术设计之一，必将为现代生活方式服务，因此当代服装设计一定是与现代人的审美与生活方式相匹配的。

联想艺术语言搭起了艺术与自然的桥梁，通过在服装整体系列之间与服装内外搭配细节的思考，营造服装艺术整体氛围，通过服装形态赋予意象或抽象的想象的空间，从而提升了服装设计竞赛中设计的思想深度与文化品位。设计与科学之间的联姻是未来服装设计的方向，设计师在设计服装原创作品时把科学技术与服装联系在一起，将形象思维与抽象思维相互交替思考、相互协调后迸发完成。作为一个服装设计师，他所具有的形象思维能力包括对形象记忆能力、形态的感受力和想象力，其中最重要的能力是想象力；而作为服装设计师所具有的抽象能力包括推理力，善于举一反三的能力。通过参加服装设计竞赛能够加强设计师形象思维能力的锻炼，锻炼其利用某一问题相关联的信息来推理解决其他类似问题的能力。这需要服装设计师的设计经验与制作知识的积累。通过参赛的服装设计竞赛作品，既有对过去服装的设计经验与体验，又有对未来服装的预想及设计师内心世界的感悟。

通过参加比赛，正在加速成长的新生代服装设计师，其想象能力得到快速的强化训练：既提高了将记忆中的表象进行提炼加工的能力，在头脑中形成未来服装造型的意象，又能够将构想中的服装的形态（色彩、材质、款式、搭配等）与人类的情感生活和科技文化意义联系起来。服装设计师的参赛作品应该结合当代的科技成果，创造一件具体感性设计的服装，服装设计考虑服装的功能性、服装的制作条件等综合因素后形成其独特的设计理念，这种概念训练让构想源源不断地涌现，通过设计师的构思后形成独创性的系列服装。在近年来的参赛服装设计中，古典的、未来的、田园风光的、民族化的等都融合表现在服装设计参赛作品中。设计师有了这些丰富的联想和混合思维后，参赛服装设计作品才能有原创动力。

服装设计竞赛分有两类：一类与已存在服装作品相关，在此基础上进行改良性设计；另一种与幻想、未来关联，属于创造性服装设计。无论前者还是后者，所有服装设计都离不开生活的体验，它是理性与感性的交融体。服装设计作品具有实用功能，与艺术审美所涉及的内容不同，在设计思维方面应具有如下特点：

（一）以艺术思维为基础，与科学思维相结合。

艺术思维是用形象来思维，没有明确的形象就没有设计，但其思维方式不是散漫无边的，必须与科学思维相联系，因为艺术形象必须建立在人工学的基础之上，是结构和功能合理而美好的形态展现。因此它又离不开科学的思维方式，需要进行归纳、演算，运用数字、公式、概念作为形象建构的依据。在设计中两种思维方式是不可分割的，它既是感性的，又是理性的。

（二）艺术思维在设计思维中具有相对独立且重要的位置。

服装设计师的主要任务是艺术的造型设计，即美的造型设计。在设计师完成设计之前以形象的分析、比较、组合、变化为主要任务。因此，艺术思维过程必然包括直觉、灵感、意象迸发等，想象的发挥与服饰的整体构想、结构与外观的有机连接等。这都说明了艺术思维是设计思维的主要思维方式。

（三）设计思维是一种创造性思维，同时也是多种思维方式的综合运用。

它既包括量变又包括质变，从内容到形式再到内容的多阶段的创造性思维活动过程。服装设计过程充满了思考与创造的因素，具有通贯全过程的性质，从构想、计划开始到服装作品的制作、使用、流通，整个过程都需要设计。创造性思维的全过程，体现出强烈的独创性和个性色彩搭配。

服装设计竞赛中的创意从何而来？服装设计中的创意是设计师个人经验积累、联想、想象的结果，它需要设计师具有丰富的想象能力、独特的视角以及敏锐的洞察力。吴冠中先生曾经说过："要有一双发现形式美的眼睛。"服装创意的基础是形象思维，是观察、思考以及表现能力的高度统一。在服装竞赛创意过程中，能反映出服装设计者形象思维及融通汇总能力的水平。服装设计师在日常的学习与工作实践中，通过有意识地培养和锻炼自己的思维，使其思维更加活跃与敏锐。随着科技的发展，人们获得知识与信息的方式更加便捷，我们足不出户便可知天下事，杂志、报纸、电视、网络等在第一时间为我们提供了最新的服装流行信息，不断刺激和启发着我们的设计思维。设计师通过分析、积累相关的信息，形成设计思考的习惯，让设计师的思维变得更加活跃、敏锐。

第二节　服装设计竞赛中设计灵感的挖掘

灵感是服装设计竞赛的起源，通过对事物的感触，激发设计师的思绪，产生强烈的表达欲望。灵感是大脑思维极为活跃状态时激发出的深层次中的某些联系。灵感是长时间关注某个事物发生顿悟的现象，有时会在不经意间降临。服装设计师通过灵感构思进行拓展，收集资料、拟定主题，为整个系列的设计风格奠定基础。谈到服装设计必定有

灵感的来源，灵感是指人们在创造活动中某种新形象、新观点和新思想突然进入设计领域时的心理思想状态。服装设计竞赛同其他设计类比赛一样，其灵感来源于生活。灵感是指设计师在设计过程中的某一时间突然出现精神高度亢奋、思维极为活跃的特殊心理现象，将其及时转化为超越平常水平的创作冲动和创作能力，使设计构思或表达得到升华。如设计者在生活中有了感受而引发了灵感，再由灵感转化成设计构思，然后把这种构思通过服装充分表达出来，运用设计美学原理将构思与服饰设计结合起来，从而使服装成为情感丰富、有强烈视觉冲击力的艺术设计作品。

灵感来源于对生活的观察和体验，构思新颖、富有创意的服装设计首先依赖于设计师有一双独特的慧眼，其次是丰富的想象力和整合能力。生活本身是无所不有、变化莫测的，千变万化的自然界和丰富多样的生活让时装艺术有取之不尽的素材和灵感。设计师要善于从习以为常、司空见惯的生活中，从平凡的事物中发现别人没有发现的美。经过筛选、观察和体验，常常会突发奇想、云开雾散的设计灵感瞬间而来，设计师要快速捕捉住灵感火花，迅捷地以草图、轮廓、文字做最初的记录，再经过进一步扩充、完善，将瞬间的灵感转化成别出心裁、独具一格的参赛服装。这里我们将灵感归纳为直接

灵感、间接灵感两方面。

一、灵感的直接来源

直接灵感来源是一切直接与服装发生联系的事物、信息、资料等，是设计师获取时装信息的直接来源和主渠道。它包括服装博览会、服装图片、服装大师的作品、服装市场、民族传统服饰、民间服饰等，也包括服装专业知识和技能等。这类信息为最初的设计提供了款型依据、色彩组合、面料系类，在此基础上设计者对这类信息的成功部分加以分析和借鉴，通过夸张、变形等方法重新塑造一种新鲜设计效果，设计师将现实生活时空和叙事倒置，所发生的事物及形态可能呈现颠覆性转变，将改变的形象捕捉记录，经过设计师适当的改造与变形，将对比、模拟、联想等隔着方法反复尝试，运用已有的设计原理通过想象调整实现灵感火花，也可以通过模仿生物和模仿非生物的方法来将这些搜集的信息发散性地转化成灵感，进而实现成新的服装设计作品。但设计构思不能仅限于直接信息，而是要开阔思路，不局限于现有的直接来源资料，不惯性翻阅、抄袭、东搬西移，这样有损创造力的发挥，设计作品难免生硬，易缺乏新鲜活力。

民族与民俗背景、民俗文化也是设计师寻求设计灵感常使用的主题之一。一个社会

的服装与穿着者拥有的资源有关，也与一个族群表达他们的社会结构的方式有关。从当前的服装来看，民族服装与民俗服装所具有的各种元素依旧适合现代的设计。虽然它所处的时代较为古老，在用途上似乎与现代服装没有任何关系，但是这也使得设计师们能够运用一种非常独特和个性化的方式去阐释他们关注的这个时代，包括某一个时期的造型、细节、面料、色彩、图案、穿着的功能性，甚至服装的定义等。

民族传统文化的色彩、符号和节庆的装饰，都为设计的拓展提供了观念上的参考。设计师要认真研究不同民族、不同地域、不同时期的文化和习俗，特别是民族服饰文化，不仅能增加设计师的文化视野，而且还能从民族传统服装上汲取灵感。例如苏格兰的礼服套装、匈牙利的绣花套裙、希腊的百褶短裙以及我国的马面裙。这些常见的传统服装都会经过设计师的改造运用到现代的服装设计中。设计师通过运用一些民俗的元素来表达思想情感和服装风格，因此民族传统文化给服装的设计带来了大量的设计灵感。传统民族图案会常被运用到现代服装的设计中去。对待民族或传统的素材要消化吸收，切记不可照搬原样或生硬拼凑，要学会融会贯通，结合现代设计手法和时尚特色加以提炼和加工，使其服装形象更加突出，更具时代感。运用传统服饰的某一要素作为设

计语言，不是再现传统服饰，而是将现代的材料与传统的纹样相互融合，令款式不失现代生活气息。例如波西米亚风格代表着一种前所未有的浪漫化、民俗化和自由化，色彩浓烈、设计繁复，带给人强劲的视觉冲击和神秘气氛。花卉与无规则的刺绣图案集中在胸口、袖口、裙摆的边缘，让服装风格独特、超凡脱俗。中国风的图案大多具有代表性，龙纹、云纹、花卉是最为常见的。此类图案大多运用在极具东方风格的礼服上，服装整体大气端庄、华丽优雅。哥特风格的教堂玻璃花窗也是设计师们最爱的设计灵感之一。古代教堂的花窗色彩浓郁，形状复杂，内容考究，大多以宗教为主题。由于图案色彩繁复，所以多用于廓形简单的服装上，款式实用但风格独特。此外中东风格的所有主色都带有灰色调，喜欢大拼色。服装图案以花卉、抽象几何图案为主，花纹细密繁多，有着复古高贵之感。

二、灵感的间接来源

间接灵感来源是指那些看似与服装设计没有关系，甚至是风马牛不相及的事物，但它是设计师能从中获得发散开阔的视野的灵感间接信息，它的合理利用让时装设计更加新颖有创意。如最新的科学技术、大自然的自然形态、元宇宙的幻想、各种其他门类

艺术作品等，在寻找灵感的时候跳出原有的思维习惯，换个视角，产生的灵感必然五花八门、源源不断。设计师需要自然而然地去感知一切启发灵感的元素，能够系统并且有条理地对灵感元素进行研究。同时，需要分析最初的研究是如何甚至在哪里与各种各样的形式和色彩发生关联的。如果设计师已对某个领域有了一定的研究，将其拓展到设计中，就可以通过主题、色彩、元素和廓形等方面的因素来激发灵感。为了清晰地表达主题，设计师需要知道到底是什么激发了灵感，然后有针对性地运用设计元素，对启发灵感的事物有更深入的认识，并且增加设计的深度。寻找设计灵感，发掘与联想尤为重要。

（一）生物仿生法

灵感可以来源于对生物的模仿，如在自然界中对植物、动物的色彩、造型及纹样的模仿。模仿不是简单生硬的仿造，而是通过变形、提炼其形态巧妙用在服装上。法国的另一位服装设计大师让·保罗曾经以蝴蝶、鸽子等动物为灵感源，设计出大量优秀的创意服装作品。

这种方法经常运用于比赛服装上。如图7、图8设计作品《记忆的形状》获得"汉帛奖"第二十九届中国国际青年设计师时装作品大赛银奖。这组作品的作者毕然系清华大学美术学院服装设计专业博士。《记忆

的形状》系列作品通过超现实主义的创作手法，通过将旗袍、大袖衫、瓷瓶等中国元素，结合当下的审美与 3D 技术手段进行转化，让文化印记的潜意识，突破逻辑与现实，挖掘深层心理与梦境中的仿生东方形态。作品灵感来源于对中国传统文化的当代解读：灵感来源于记忆中的旗袍、大袖衫、瓷瓶形态，通过仿生提炼转化，形成白色外形廓形形似某种器物，内部白色肌理层层叠叠，服装塑造得有型又有现代感，模特或梳着三绺发髻，或盘着长辫，细长的眉眼低垂，在烟雾升腾的机械轨道中静静伫立，一瞬间时空交错。环境氛围结合服饰妆发细节，服装与发饰共同营造了一个具有东方美学气质的超现实主义梦境。

大自然给了设计师无限的启迪，自然界中形形色色的生物形象不断地刺激着设计师的创造力，同时设计师通过自然界中的各种形态规律能够不断获得启发和灵感。自然界中植物形态自身就会形成一种构造美，这是有规律有秩序的一种美，因此说大自然是神奇的。设计师也不断地在自然界中发现形态美、艺术美。植物元素在服装设计竞赛中经常出现，如女性服装设计中常用花卉图案作为服装、人体的装饰，通过对花卉的图案形态进行分析、分解研究，设计师可以从中获得新的造型与图案，以独特的视角去观察花卉的自然生长规律，并通过它来进行现代设

图 7　服装是对瓷瓶、大袖衫灵感转化应用

图 8　服装是中国元素与 3D 技术结合应用

计。自然界中的植物色彩较为丰富，外形千姿百态，每一种植物都给予设计师不同的灵感与启迪。设计师在花卉中联想到令人非常美好的感受，运用植物元素的设计大多让观看者心情舒畅。

动物譬如鸟、鱼给人自由灵动的感觉，有的动物则给人野性的感觉，这些都能给设计师带来无限的设计灵感。设计师从中吸取灵感，来表达内心想要陈述的感情，从不同的动物身上找到不同的设计灵感，关键是怎么把它进行有效的转化。设计师可以通过观察动物的动态从中提取图形、色彩元素，变形拓展制作出与服饰相关的图案和造型。自然界是最大的艺术资料库，服装设计师通过对自然敏锐的观察可以从中找到无穷的宝藏。设计元素需要借助视觉元素来激发想象，设计师需要从自然界中提取视觉元素，体验自然生态中的相互作用的规律，这是艺术创造的重要途径。

细胞与宇宙作为万物的起源，造就了人类的生命与生存的世界，同时也是设计师探索生命奥秘与设计灵感的来源。细胞的运动方式与细胞的组织结构等带给设计师灵感的启迪与思考。细胞的神秘感和未来感带给设计师们莫大的启发，他们通过研究宇宙生命的奥秘来感受日常生活中所不能接触到的事物。细胞和宇宙在设计中扮演着未来感的角色，设计师可以通过模拟细胞的形状或宇宙

图 9　ANNAKIKI 2022 秋冬波浪裙形

星球的排列来创造出富有奇幻色彩的服装作品，让观看者能享受到前所未有的视觉冲击。如图 9 所示，ANNAKIKI 创意总监 Anna Yang 在 2022 秋冬发布中追随哲学家 Donna Haraway 的哲思，如图将"赛伯朋克"的科技理念融入服装设计中，延续了品牌具有标识度的十字金属流星和经典的 3D 波浪裙型，通过繁复的工艺对连衣裙进行全新的外形与肌理、光泽的塑造。

无论是大自然界还是微观的生物结构，都是有排列秩序与规则的。设计师需要从中

通过观察与思考，对生物形态进行放大与分解，从全新的角度去尝试挖掘细微变化的美，这个过程就是设计师从自然界获得新鲜灵感的过程，并且经过思考将生物造型通过模仿法改良运用到服装设计中。对生物造型模仿可以是对灵感造型整体的模仿，可以是局部的模仿，也可以是变形、提炼后的模仿。

（二）非生物模仿法

1. 受自然界器物启发的灵感

除模仿生物外，还可以模仿非生物，如自然界中的高山、大地、流水、天体乃至身边的器物、食材及建筑等，均可成为设计灵感的来源。模仿不是把器物的形态照搬硬套，而是从中汲取美的局部或整体，设计师根据自己的审美，根据人体将图案、造型进行调整、变形，从而创造出全新造型、纹样、肌理的服装。这其中一切以美为核心，设计师自由运用加减法去取舍。在服装设计竞赛中，设计师可以从自然中汲取视觉感观的灵感。自然中存在的色彩、肌理、形式、图案都能为设计师提供素材。将自然主题直接应用完成一个完整的系列设计，有可能过于生硬，设计师通过仔细研究参考资料，从中提取深层含义，再用自己的审美来整合重现，将其中产生奇、特、美的那部分留下来再调整到最佳状态。如图10"汉帛奖"第二十一届中国国际青年设计师时装作品竞赛金奖作品《无界》所示，设计师王智娴认为无界就是打破边界，设计是无边界的思维，希望利

图10　《无界》选用竹子与绡的拼接的肌理效果

用自然界或者说是非常规的东西来进行设计创作,创作出让人感到美的东西。这一系列服装的创作灵感来源于自然界的竹子,这是在服装面料应用再造上的一种创新。通过竹子与绡的拼接组合,给人以耳目一新的感觉,白色透明的绡配以竹子为灵感来源,将竹子削成薄片,经过变形切割成大小各异的长圆条状,刷成白色,实心的白色竹子肌理与透明材质的白色绡形成强烈的材质、光泽对比,增强了视觉冲击力,随着人体的曲线将各不相同的白色竹片以肚脐眼为中心排列成放射性的图案组合,增加了服装的趣味性与审美性,同时也赋予作品更多的优雅和内涵。我国偏创意的服装设计竞赛的参赛作品中,很多创意服装的设计灵感均源于这种非生物变形模仿法。

除了从自然界的器物获得灵感以外,所有存在过的建筑、网络传媒、电影、电视媒介、绘画、音乐、文学、舞蹈、雕塑及影视、浩瀚的银河、色彩斑斓的星球、关于外星人的传说等方面,社会意识形态曾经出现过的思潮和观念,不同的民族文化及宇宙的神秘感,不同的历史年代发生的重大事件等,看似与服装设计不相关,通过联想都有可能激发创作灵感。

2. 建筑启发的灵感

自人类文明诞生之日起,人对生存环境的建设与改造就无处不在。人文景观包含的

内容较多,如建筑、城市、自然环境等。在人文景观中,建筑是设计师们钟爱的灵感来源,建筑为设计师们提供了风格、色彩、结构、时代、观念等方面的灵感,如古典风格、哥特风格、文艺复兴风格、洛可可风格、巴洛克风格等。不同时期的建筑都有突出的个性风格以及元素,在设计服装时,也能从这些风格鲜明的建筑上找到形状、色彩、结构纹样、廓形的设计素材。具有典型性的建筑,无论是形式上还是理念上,都提供了源源不断的启发,并且都能转化为时尚。设计师提取悉尼歌剧院的外形轮廓进行简化处理,用精简的线条描绘建筑的造型。不同的建筑风格给服装带来不同的灵感来源,设计出的服装自然有不同风格。如图 11 所示,服装的不同宽度的褶皱变化灵感来自建筑物线条节奏的变化启迪。将其运用在服装上时,设计师采用科技材料完全地模拟了建筑的墙面线条质感,更突出了身体的流线感。服装从材料、色彩、廓形三个方面很好地借鉴了建筑的设计特点,让整体造型充斥了建筑的立体感。中古根海姆博物馆是著名的现代博物馆之一,它的最大特点在于建筑材料。博物馆的建材使用了玻璃、钢和石灰岩,部分表面还包覆了钛金属,在阳光的照耀下,博物馆的外墙会有波光粼粼之感。设计师也将这一建筑特点搬到了服装的设计上,采用了同样有反光效果的新型材

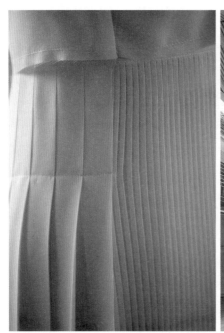

图 11　左图中的褶裥线条变化是从精简的建筑线条中获得启发

料，加上方块的肌理形状，较好地模拟了建筑的外墙效果，将灵感很好地搬到服装上。

3. 书籍、网络中启发的灵感

各种书籍是调查收集灵感来源的重要载体，是获得流行资讯信息的快捷而有效的手段。各种书籍期刊等提供的信息，几乎包括了各种服装灵感来源及设计元素，以及服装流行行业中各个层面的相关信息与知识。历史的演变、民族风情、自然生态、人文艺术、科技、消费者生活方式、流行信息的研究与报道等都具有全方位的信息量和准确性。各种图书是收集服装创新设计灵感素材的第一步，在设计前期工作中担任着极其重要的角色。目前，市场上可以搜寻到的服装

资讯刊物非常多，分类很细。它们大致分为专业流行趋势研究机构发布的一年两次或四次的流行趋势报告，专业设计工作室根据未来一段时期内的流行发布做出的设计作品手稿、图片，公司或个人组织发布的汇集画册等三种。其他跨专业期刊中也可以多方面、多角度地收集到艺术、家居、科技、人文等相关行业的最新资讯，这些都可能成为服装创新设计的灵感来源和切入点，对服装与时尚领域造成一定的影响。通过这类杂志的接触，我们可以了解到经济、文化等信息，这些信息可以通过发散性思维展开联想。

网络传媒是指继报纸杂志之外的新兴媒

体和正在兴建的信息高速公路开始加入大众传播行业。从传播手段来看，网络媒体兼具文字、图片、音频、视频等现有媒体的全部手段，可以称之为全媒体。它在时间上的自由性、空间上的无限性，使之在传播条件上突破了许多客观因素的限制，能向设计师提供较及时、较充分的资讯。服装设计随着网络资源的介入，设计风格和设计理念也随之发生了一定的变化：从资料的收集阶段到设计风格的界定再到设计的最后定稿阶段，整个设计过程都与网络有着直接或者间接的关联。网络特点和网络文化给人的生活带来便捷，进而再从设计角度入手，一一对照网络

的特点深入研究。网络会给服装设计师的设计提供更为便利更全面的资料，也能使设计者迅速进入国际服装设计的轨道，可以使设计师们更安全、有效地找到自己所需要的设计素材及图片资料，发现世界范围内的设计共鸣者，进行完美互动，拓宽思路，使设计构思更加清晰。设计师们可以通过浏览各大时尚网站找到需要的设计资料，例如图12所示 YOKA、VOGUE、ELLE、HAIBAO 等网站。时尚网站会及时更新秀场讯息、搜集优秀的街拍搭配，同时也会发布当季的流行趋势，它是设计师工作时必不可少的工具。

图 12　网络媒体中的大量素材可以使人获得服装设计灵感的启发

4.受电影启发的灵感

电影、电视艺术是将艺术与科学结合而成的一门综合艺术，它以画面为基本元素，并与声音、人物、场景共同构成电影基本语言和媒介，在银幕上创造直观感性的艺术形象和意境。自20世纪60年代以来，电影和流行文化就紧密地结合在一起。如图13所示Chanel 2023年的春夏高级成衣系列灵感就来源于1961年Alain Resnais执导的电影《去年在马里昂巴德》。图中Rompaey演绎的这套look更成为全场亮点，上衣设计中融入了电影中诸多经典场景，黑纱披肩让整体造型更显得飘逸灵动，其中领口处的黑色山茶花装饰无疑是点睛之笔，许多黑纱面料加持的造型同样在电影里也常出现。当设计师将电影艺术与电视艺术作为设计灵感时，应考虑那些造就经典款式的各个方面的构成因素。色彩、灯光、道具、情境和各种视觉线索，能够帮助设计师确认某种特殊的氛围，并在研究上拓展更多的方向性和创新性。设计创造非凡是设计师工作的全部意义所在，它贯穿于整个设计活动的始终。

5.受绘画启发的灵感

绘画是最常见的一种艺术表达形式。绘画的种类也多种多样，风格形式也不同，不同年代的绘画所表达的情感也具有不同的时代意义。设计与艺术是紧密联系的，设

图13　Chanel 2023春夏融入电影场景的上衣

计创作出的是艺术品，艺术的表达也是设计创造。

绘画在表达形式、色彩、肌理、图案、思想上能带给服装设计莫大的启发。设计师在欣赏美术作品的时候能直观地感受到强烈的艺术氛围，从而容易激发出艺术创作灵感。设计师运用绘画元素的案例较多，如图14、图15所示Stella McCartney 2022秋冬的作品，与艺术家Frank Stella联名，主要合作的V系列，运用在大衣、针织套装、西装上，线条宽而疏，大气优雅；此外还提取画家作品《Spectralia》复杂抽象的花纹以

及跳跃的色彩作为印花图案元素，为服装增添了无限活力。如图16所示Gucci Epilogue系列也同样将时尚画家Ken Scott的作品搬上了该季度的设计中，色彩饱满的花卉插图与其不拘一格的个性如出一辙，鲜艳明快的印花图案灵感来自自然世界，使该系列服装绽放出别样魅力。根据绘画的种类不同，展现出来的服装风格也不尽相同。古典油画表现出复古的服装风格，当代艺术绘画更能展现前卫的服装风格。设计师将不同绘画风格的作品与服装进行合理的结合，从服装造型上借鉴绘画笔触，将色彩的比例搭配与画作色彩比例相近，将绘画的各方面分别运用在服装上，形成整体造型和谐、艺术感风格浓郁的新作品。

6.受音乐启发的灵感

音乐艺术是以人声或乐器声音为材料，通过有组织的音乐在一定时间长度内营造审美情境的表现性艺术。音乐艺术以旋律节奏、和声、配器复调等为基本手段，以抒发人的审美情感为目的，具有较强的情感表现力和情绪感染力。旋律是音乐最主要的表现手段，它把高低、长短不同的音乐按照一定的节奏、节拍等组织起来，表现了特定的内容和情感。旋律是最富个性色彩的，也是最具风格的一种表现手段。节奏是指

图14　Stella McCartney 2022秋冬与艺术家合作系列

图15　Stella McCartney 2022秋冬与艺术家合作系列

图16　Gucci Epilogue与Ken Scott绘画作品合作系列

音响的长短、强弱、轻重等有规律的组合，它是旋律的重要组成部分，也是乐曲结构的主要因素，使乐曲体现出情感的波动起伏，增强了音乐的表现力。服装是流动的艺术，音乐是艺术的流动。

服装设计的灵感和创作与音乐紧密相连，某首歌动听的曲子可以给设计师无限的遐想，进而将这种感觉展现在设计作品当中，如图17所示2022年vintage的白衬衫印花灵感来源于猫王的头像、音乐和与之相关的旧报纸，这些都承载着时间和过去的印记，印有猫王头像的旧元素，既引领时装新风尚，又能在感情上勾起人们对猫王时代的怀旧与共鸣。如图18所示法国

经典品牌CELINE 2023春夏男装系列时装秀中，皮革、铆钉、亮片、银链配饰、皮衣、皮带与尖头皮鞋的服装搭配让人联想到六七十年代的摇滚乐，放荡不羁，酷拽自由，每届摇滚乐队成员似乎都有几套类似的穿搭，复古混搭法则与摇滚音乐的结合已经嵌入当代原创服装设计中。如图19所示CELINE 2020秋冬女装秀场上，高耸厚底皮靴，配以亮片、蕾丝、显腰线的过膝连衣裙，将摇滚音乐风格融入在服装设计的作品中。

7.受文学启发的灵感

文学是一种以语言或文字符号为物质手段，打造艺术形象，再现现实生活和表达艺

图17　2022夏季vintage灵感来自猫王影像、海报的白衬衫

图 18　CELINE 2023 春夏摇滚风格男装系列

图 19　CELINE 2020 秋冬摇滚风格女装系列

术家审美意识的一种艺术。文学是想象的艺术，包括小说、诗歌、散文、戏剧文学、电影文学等样式。由于语言形象的间接性，文学作品比其他艺术更能提供给读者想象的空间和再创造的余地。

　　文学作品通过描写人物的音容笑貌、服装风格、言谈举止等来表达内心世界。文学与服装之间的联系就像是前者在描述故事情节时衍生出了主线剧情，类似精神内核与具象化之间的联系。如图 20 所示 Fendi 把在巴黎发布的 2021 春夏高级定制大秀搬到了上海，《奥兰多》这本小说的文学构思，作为本季的灵感主题穿插在整个高定系列中，

让时装和文学艺术交融呈现。其主人公奥兰多本是伊丽莎白一世（ElizabethI）时的贵族美少年，因获得"不老不死"的能力，神奇地横跨 400 年，完成了从 16 世纪的男性到 20 世纪的女性的转变。这一角色跨越了多个时代，跨越了性别，Fendi 在属于女装的高级定制中启用了男模，刻意模糊了性别妆容的界限和礼服造型，通过服装来打破性别对立。如图 20 所示，此次设计运用了编织提花、丝质礼服、镶嵌串珠等手法，通过描述抽象文学内容来建立服装设计新形态，也可以理解为将过去的文学故事通过当代服装设计进行具象化新表达。

服装设计竞赛中的艺术创作是一种复杂的精神活动，它既以形象思维为主，又离不开抽象思维和灵感思维。艺术需要灵感，人类的进步和发展都离不开这种思维模式，所以千百年来人类不停地对这种思维进行研究。情绪具有丰富性和多样性。服装设计竞赛作品作为服装设计创新路径之一，经常会展现令人震撼的参赛作品。设计师需要采集最能表达情绪的素材与手法，将具象化的心理状态转化为服装设计竞赛作品。服装设计师因某一刻的浓烈情绪激发创作出一些或带

图 20　Fendi 2021 春夏女装高定中模糊的性别、妆容界限

有鲜活明快或带有黑暗爆发力的好作品，通过服装作品来表达或发泄内心的情感，心理状态能直接地影响创作出来的参赛服装作品情绪基调。服装设计师需要及时抓住瞬间的情绪爆发点，遵循内心的想法，即兴地画出设计手稿。

总之，所有的艺术创造都是一种内心情绪的表达或宣泄，当服装设计师有了这种浓烈情绪心理状态的时候，特别容易创造出惊世骇俗、妙笔生花的好作品。服装设计师在日常生活中需要多观察与思考，在生活中收集创作材料，用拍照或笔录的形式记录自己的情绪感受。当强烈情绪来临时，及时记录并作为以后服装设计的灵感来源。带有自身的情绪、情感的设计往往能出现精品。如悲伤时，设计师可能会设计出紧身、简洁的服装来表达内心的焦灼感与难过；焦虑时，会通过黑色的服装来吐露内心的不安；惬意时，会通过色彩淡薄、廓形松散的设计来表明内心的放松与舒适；慵懒时，会通过通透轻薄的服装来写意空虚与悠哉。情感不仅能赋予服装设计灵魂，同样也是设计师表达自身感受的理想途径。

服装设计竞赛作品需要兼顾艺术感与实用性，需要贴合市场以及消费人群的需求感受。虽然服装设计师作为艺术工作者之一，但服装设计竞赛作品不是纯粹的艺术，而是在某些特定的场合下为了满足人特殊的情感

需求而创作的。包豪斯设计主张中曾经提及艺术设计的目的是人，设计以人为本。它是通过综合艺术美感和生活需求，设计出适合穿着、具有观赏性的服装。在服装设计竞赛中如果倾向于设计纯艺术品般的时装，即艺术以服装为媒介，成为艺术的展现形式，这种服装设计可以忽略穿着者的舒适性。它的功能性主要是向人们展示艺术思想与审美。如图21所示第十三届全国美展服装设计分项的获奖作品中，有一件香槟色的旗袍，它用铜丝构编而成，优美的女性曲线外形轮廓，配以古铜色的架子将旗袍作品悬挂起来，作为一件色、形都体现出特殊光泽与人体曲线美的旗袍工艺品，柔和的光泽、完美的轮廓透出和谐雅致的中式意蕴。严格意义上说，它是一个借助旗袍外形作为媒介的时尚艺术品。片状金属材质编织的服装根本不考虑穿着可能性，展示出了一个视觉美感强烈的服装，表达中式极限雅致生活的意境。而偏实用型的服装设计竞赛，通常要结合市场需求或针对某一种独特生活方式的人群，并且有针对性地进行市场调查研究，来设计符合人群需求的原创新颖作品。设计师可以通过市场调研观察人们对服装的需求，很多功能性强的服装设计竞赛作品从实用性出发，更看重满足市场顾客的潜在需求，设计重点放在服装的可穿性和新颖、美观性上。因此设计师若参

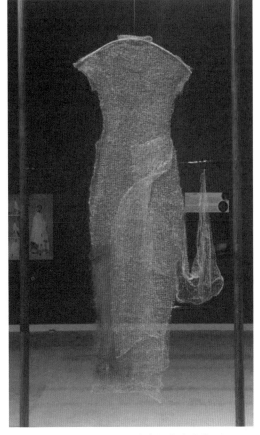

图21　铜丝编织的旗袍展陈设计

加偏市场实用型的服装设计竞赛，就要有对生活的敏感度和对市场的充分调研，结合各种思维形式而寻找设计灵感。

俄国著名画家列宾曾经说过，"灵感是这样一位客人，他不爱拜访懒惰者"。服装设计师众多的设计灵感发生的可能性，再结合其设计要素有所侧重强调地进行原创。从最具创意性、最具可行性的方面展开创造思维、归纳、夸张的联想，最终优化成具象的

设计要素。设计师在交替运用形象思维和抽象思维的基础上，有意识地活跃"灵感"思维活动，让它始终潜伏于设计师的潜意识之中，在长期感性情感的积累的基础上，实现感性到理性的思维的自由交替转换，完成从潜意识到有意识的设计实现。

第三章
服装竞赛设计方法与创新

服装设计师在进行竞赛服装设计的过程中，不仅要了解面料、工艺，还要熟悉各种形式要素的独特概念与组合属性，首先要掌握服装设计审美法则，在对审美法经过全面、系统的研究基础之上，力求创新与突破。在竞赛服装设计中，服装设计所呈现出的形式新鲜美感与功能机制是尤为重要的两个方面。设计师要考虑服装的整体视觉感官，融入一定的形式美与功能美。从本质上讲，形式美总原则是变化与统一的度的协调。虽然设计灵感来自自然界或科学、艺术等，将灵感加以分析、组织、利用后形成服装设计转化的过程，但还是自始至终贯穿着服装设计的美学法则。服装形式美法则是指由服装构成要素如比例、平衡、韵律、视错、强调等构成的组成原理。以下是形式美法则在服装设计竞赛中的应用。

一、对称在服装设计竞赛中的应用

对称是造型艺术常见的构成形式，在服装设计中表现得尤为突出。对称给人以稳重、大方的外观特征，但也容易造成呆板、拘束的视觉感受。在服装竞赛设计过程中很少用到均衡对称，它是以某一基准线为中线，在中线的两侧，造型元素完全一样。服装中的领、袖用同样的面料、同样的造型、同样的色彩，既能左右对称，又能起到上下呼应的关系，这种稳重大方能产生一种视觉上和心理上的安全感和平稳感。为了打破因服装的款式左右对称、色彩对称、比例平均造成的平淡无味，在竞赛服装设计时造型比例更加夸张，只有做工与取材上更加新颖方能吸引人们的视线，否则满足不了人们求奇求美的需求。在服装设计竞赛中经常用到不对称的均衡，即左右不对称，但却有平衡感，也就是视觉上的平衡。不对称的均衡是指服装中线的两边造型、面料、工艺、结构、色彩等服装的构成元素呈不完全等同状态。表现为构成元素的大小、形状、色彩、肌理等的不同，令服装易产生不同寻常的变化，更富有动感和创意的新鲜感。如图用左右对称双色色块拼接设计为运动款式添加色彩，还可加入图案亮点细节，用双侧三角裁剪来打造对比色裁片，建议色块不超过三色，并用精致且符合人体工学的版型和捆条来

呈现运动感。

二、比例在服装设计竞赛中的应用

服装设计竞赛中的比例美是指在一件服装或一个系列服装之间，一套衣服内外、上下结构长度、形状、面积、色彩的比例分配、系列衣服之间衣裤长短的比例对比等，通过设计师反复思考设计达到最协调的效果。比例有服装造型与人体之间的比例、服饰配件与人体之间的比例、服装色彩之间的搭配比例等。在服装设计竞赛中，要合理运

图 22　强化胸腰线条比例的服装

图 23　超短比例夹克显得干练

用分割比例方法，让每套衣服上下长短、内外搭配组合设计，每套与整体系列之间达到服装比例变化丰富，使整体系列服装设计呈现强烈美感。

关于比例关系取什么样的值为美，对于服装来讲，比例就是服装各部分尺寸之间的对比关系，服装的比例是指服装各个部位之间的数量比值，它涉及长短、多少、宽窄等因素。大体上有三种比例在设计中用得较多；一是基准比例法；二是黄金分割比例法，黄金比例可简化为 3 ∶ 5 或 5 ∶ 8；三是百分比法，如等差比例。在服装设计竞赛中，往往比例更为夸张，或者尝试更多的比例配比，目的是追求更美、更新鲜的造型。在服装设计竞赛中，可以利用上装缩短和下装加长来改变上下身的比例；可以利用裙子庞大的裙摆来衬托腰部的纤细；还可以利用腰线设计的高低来改变臀部和腰部的长短效果。如图 22 所示 22/23 秋冬季夹克中的 X 形设计会趋向立体裁剪的微收腰和增加腰线下摆的廓形，强化胸部曲线、收紧腰部的廓形能凸显女性细腰腿长的比例身形特征。如图 23 所示截短式夹克的截短腰线继续提升至胸下，超截短式的夹克进一步在视觉上拉伸比例，利落的版型展现女性时髦且干练的形象，是非常适合秋季的前卫时髦穿搭，在冬日也可以穿在内里进行层次叠搭。

服装部件间的比例也是服装竞赛设计中重点思考的比例对应关系。如领子与衣身之间的比例、衣长与裙长之间的比例、衣袖与衣身之间的比例、口袋与衣片之间的比例、胸围与腰围之间的比例等。如何从视觉上设计更舒服的比例是核心，同时兼顾服装表演时略带夸张的比例，让视觉上更有冲击力。服装色彩的搭配也要注意到比例的适当分配，如色彩的冷暖比例、纯度与长度、面积大小的比例调整等。要注意色彩位置分割、面积大小等，合理安排调整后的比例视觉。

三、节奏与韵律在服装设计竞赛中的应用

节奏、韵律原本是音乐的术语，常常指音乐中音的连续，或音与音之间的高低、间隔长短在连续奏鸣下反映出的感受。在视觉艺术中，点、线、面、体以一定的间隔、方向按规律排列，通过连续反复的运动从而产生了韵律。节奏对于服装造型来讲，其形式就是点、线、面的重复构成。例如直线和曲线有规律的变化、褶皱的重复出现、纽扣或装饰点的聚散关联节奏等；色彩的强弱、明暗的层次和反复，这些构成要素合理地运用也会使服装产生一定的节奏和韵律感，从而使服装更加美丽动人。节奏的变化容易产生高涨的情绪，服装设计竞赛中，通过强化视觉节奏调动视觉情绪最大化。

四、强调在服装设计竞赛中的应用

强调形式美是服装设计中不可缺少的一种形式美法则，该法则的运用可使服装更加生动且引人注目。强调因素是服装设计整体中最为醒目的部分，它虽然面积不大，但却有着特异的视觉感官效能，具有吸引人视觉的强大优势，起到画龙点睛的重要作用。在服装设计竞赛的创作过程中，服装设计竞赛讲究在造型整体和谐基础上强化视觉的冲击力，通过对服装造型的强调、对装饰的强化、对色彩的强化、对面料的肌理的强调等来增强服装块面、材质、光泽对比。装饰是服装设计竞赛中不可或缺的强调手段，且增加了服装面料的层次，通过刺绣、印染、钉珠、图案、折叠、花边、镶边等装饰手法，起到对服装局部造型的强调、对面料视觉冲击力的加大作用。

这种重复变化的形式通常分为三种，即有规律的重复、无规律的重复和等级性的重复。这三种韵律的旋律和节奏不同，在视觉感受上也各有特点。设计师在进行服装设计过程中要注意结合服装风格，巧妙地应用以取得独特的韵律美感。

五、视错在服装设计竞赛中的应用

视错是指由于光或物体的折射、反射原因，人的视角不同、距离方向不同以及视觉器官感受能力的差异等原因造成视觉上的错误判断，这种现象称为视错。例如，同样大小形状，浅色、暖色显得大些，深色、暗色显得小些；两根相同的直线，水平或垂直相交，在视觉感官上会错感垂直线比水平线更长。而将视错形式美的法则运用于服装设计竞赛中，则可以更加夸张地凸显服装整体凹凸曲线。服装设计师在人物整体形象设计中应充分利用视错规律，"化错为美"，用服装塑造出更加完美的人体形象，给人美的视觉享受。视错形式美法则在服装设计中具有十分重要的作用，结合视错规律能够充分发挥服装造型的形体优势。

六、协调与对比的总法则在服装设计竞赛中的应用

协调与对比也称多样与统一，是对立统一哲学关系在服装设计竞赛构成中的运用。统一是指不同图案、颜色、风格的服装各个部分之间有内在的联系，是一种达成和谐目的和效果的审美法则。在服装设计竞赛设计过程中，在展现服装设计作品统一框架下的同时更多地关注如何拉开对比的尺度，造型、颜色的组合变化越多，服装的层次越丰富，增强款式之间的趣味性，通过关联、呼应、衬托的方法让服装整体性协调，每套服装之间的对比关系从属于有秩序的整体协调关系，形成的服装既有统一的整体感又有个

体之间变化的秩序感，进而提升服装的趣味审美高度。协调统一可借助均衡、比例、秩序等形式法则，使服装设计中每套服装之间、服装内外、上下搭配组合实现变化与整体的统一，这能充分体现服装设计师的艺术表现功力。

服饰图案的变化来自各个要素部分之间的差异，而相似的各种要素不断变换组合，最终形成一种整体风格。个体具有明显的差异的形式感，通过设计找到最佳的组合变换方式，使服装呈现既有共性又有个性的审美特征。如果服装之间没有变化，则意味着整体系列单调乏味、缺少生命力；如果服装整体共性不足没有统一相似的要素，则会显得杂乱无章、缺乏秩序性。作为系列设计的一种线索，在整体风格统一的前提下，如何加大各相似元素之间的变化，是提高服装设计竞赛中整体作品审美情绪的关键，也是体现设计师智慧与想象力的观测点。其强调的种种因素体现在差异性方面，通常采用对比的艺术手法，造成视觉上的跳跃与冲击力，同时也能强调个性。

在服装设计竞赛设计中，统一与变化的关系是相互对立又相互依存的统一体，二者缺一不可。追求变化使服装更加富有动感，摒弃呆滞的沉闷感，使服装更有趣味和吸引力；追求变化让竞赛服装变得更刺激，减少因缺乏变化形成的服装沉闷、呆滞，唤起服装新鲜、活泼的趣味感，同时还要以最佳的形式保留每个系列服装风格统一的元素作为前提，否则必然导致服装整体系列凌乱、庞杂，从视觉上给人感觉缺乏秩序感。因此，变化必须在统一前提下产生，无论是色彩、廓形、图案、装饰等都要考虑服装整体性因素。设计中要尽量以一个设计要素为主线，以其余要素为辅线，既保留因主线形成整体系列的统一性，又围绕主线让辅线起配合作用，体现出统一中的变化效果，力求每一件服装作品、每个系列作品都在统一中求变化，在变化中求统一。在竞赛中每个系列之间无论怎么变化与统一，最终形成的款式都是为了追求创新与唯美。

统一与变化是形式美的总法则。人们对统一与变化的审美追求，体现在与生活息息相关的各个方面，如造型、色彩、材料、功能等。设计师通常在设计过程中通过对比和突出重点的手法，来对服装设计竞赛作品进行创新。因此，统一与变化这一审美法则对任何一种完美设计的服装作品都适用。服装的统一性和差异性是由设计师通过观察进而思考，最终体现在整体参赛服装系列作品中表达对美与创新的追求。

在好的竞赛服装参赛作品设计中，每套服装的各部分之间以及每套服装之间首先应既有整体统一性，又有丰富的层次变化性。各要素之间的变化，是在不破坏整体系列性之下的变化，设计师思考这种变化，通过增加服装造型、图案、颜色的层次丰富性，增加整体系列服装的趣味性、新鲜感与审美性。具体统一手法如下：

法国印象派大师莫奈曾对绘画艺术的构成有过一段精辟的论述："整体之美是一切艺术美的内在构成，细节最终必须服从于整体。"各要素要协调统一，相映成趣，给人以美感。因此，在服装竞赛设计中，既要追求款式、色彩的变化多端，又要防止各因素杂乱堆积、缺乏统一性。在追求秩序美感的统一风格时，也要防止缺乏变化引起的呆板单调的感觉，在统一中求变化，在变化中求统一，并保持变化与统一的适度，才能使服装更有新意、更完美地呈现。

第二节　服装造型的创新设计

服装的造型创新设计往往不是天马行空地凭空想象而来的，而是将传统的服饰配件与灵感来源结合后，在已有的经历、经验的积累基础上，寻求服饰造型、颜色、肌理的突破与创新的设计方法。从唯物认识论上讲，创新与传统是事物的辩证统一关系。

传统是已有的东西，而创新是追求未来、创造出来的与前期不同的新设计；没有传统作为参照就无所谓创新，所以要谈创新应该从研读服装史开始。许多具有代表性的

经典式样对以后的时装设计都产生了深远的影响，被人当作一种母型。例如，法国服装设计师迪奥的"新外观"、香奈儿的"香奈儿套装"，都对以后服装发展产生了深远的影响，其创新方法之一就是在传统的基础上进行了颜色、外形、图案、工艺的改良。它反映了以下规律：第一，优秀的传统服装式样是人类物质文化的宝贵财富，设计者结合当代设计原则，将历史上某一传统服装式样借鉴、改良后进行再设计，既有深刻的时代背景，又迎合了当代社会人群的审美趣味；第二，创新必须着眼于科学技术的进步以及适应现代人的交往方式和生活方式的变化。

服装创新设计离不开样板设计的创新，首先要了解服装平面构成的基础知识，在此之上解放思想，研发新的样板。

一、服装基础廓形的造型特征

常用的服装基础造型有 A 形、H 形、O 形、X 形、T 形。如图 24 所示，这些基础造型在创意设计时往往运用组合、套合、重合的方法寻求外形的创新与突破，经常运用方圆与曲直线的变化、渐变转换、增形减形变化来重新构建服装的新外形。人们所说的造型是指物体的外部特征，包括物体外部的整体与局部、局部与局部、物体与空间之间的关系等。

A 形廓形：A 形廓形上窄下宽，也称正

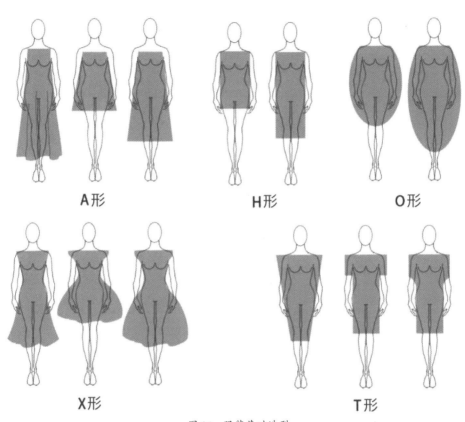

图24 服装基础造型

三角形外形。款式上，肩部适体，腰部不收，下摆扩大。A形造型具有稳重优雅、浪漫活泼、流动感强、富于活力的特点，常用于大衣、连衣裙等的设计中。A形变化有帐篷形、圆台形、喇叭形、正梯形、人鱼形等。

H形廓形：特点是平肩、不收腰、筒形下摆，弱化了服装肩（胸）、腰、臀之间的宽度差异，其胸围、腰围、臀围、下摆的围度基本相同，具有中性化特征。形态简洁修长，穿着宽松随和、舒适自然。H形也称矩形、箱形、筒形或布袋形。

O形廓形：特点是呈椭圆形，整个外形比较饱满、圆润，收缩肩部和下摆，常突出腰线位置，放松腰围，外轮廓很像字母O。O形线条具有休闲、舒适、随意的特点，富于创意，廓形独特，在休闲装、运动装以及个性化的时装设计中用得比较多。O形也被称为椭圆形、灯笼形等。

X形廓形：造型特点是夸大肩部和下摆，腰部收紧，服装整体外形呈上下部分宽大、中间收小、类似字母 X 的形状。X 形具有柔美、流畅的女性化特点，整体造型优雅不失活泼。X 形变化有适体形、沙漏形、钟形、侧面 S 形等。

T 形廓形：T 形廓形服装上宽下窄，通过夸张肩部、收紧下摆，使服装轮廓呈倒梯形或倒三角形，具有大方洒脱、干练威严的男性化风格特点。T 形变化有 V 形、Y 形、三角形、倒梯形、锥形等。

二、竞赛中服装廓形设计的方法

（一）极限夸张法

服装竞赛中，因为舞台表演的特殊性，对于造型的夸张性有较高要求，对于构成服装的轮廓线，依据人体曲线进行造型的夸张或缩小，追求其造型上的极限。极限夸张法可将原型在思考的基础上进行调整，可以将原型自由分割，在分割后的局部进行放大或缩小，以求最大的视觉冲击力及理想的比例对比效果。如图 25 所示，超大夸张量感廓形羽绒服款式的造型感更强，蓬松的量感将穿着者衬托得更加具有力量感。增加填充量和增加款式结构所呈现的效果也有不同。填充量增加更多的是体积感，款式结构的增加层次感更强。其特点是方法灵活，有据可依，便于掌握。

图 25　超大夸张量感廓形羽绒服的造型感强

（二）直接造型法

借助立体裁剪原理，运用布料直接在人或模特儿身上造型。直接造型法更加直观准确，不会出现难以解决的矛盾空间问题。转化成设计作品时，结构上的处理更加可靠，所以用这种方式进行造型创造，能保证设计构想与作品的最终效果的一致性，有利于作品在竞赛过后的市场转化。

（三）几何造型法

利用简单的几何图形进行组合变化，从而得到符合设计需求的服装廓形的方法。几何模块可以是平面的，也可以是立体的，具体做法是：先用纸片做成形形色色的简单几何形，如圆形、椭圆形、正方形、长方形、三角形、梯形等，然后将这些简单几何形在与之比例相当的勾画出来的人体上进行拼排，拼排过程中注意比例、节奏、平衡等形式美法则。经过反复拼排，直到出现自己满意或基本满意的造型为止，此时这个造型的外层边缘就是服装的外轮廓造型。几何造型法可以从主题中提取造型元素，也可以打散重组各几何元素，最需要解决的是思考几何体与人体融合后的审美最大化问题，此方法创新性极强，在近几年的服装竞赛中很受欢迎。

三、影响服装外形创意的主要因素

（一）肩

肩是服装造型设计中受限制较多的部位，肩部的变化幅度远不如腰部和下摆自如，服装外轮廓再怎么变化，肩部的变化都不会有太大的突破。一般服装肩部造型有平肩、溜肩、耸肩、垫肩、翘肩等，这些造型均是在肩的形态上略作变化。自从 20 世纪 80 年代权利主义兴起后，垫肩造型也随之突破了肩部平缓的造型，在 2021 年 Balmain 秀场上，仍能看到宝塔肩的元素。图 26 所示，"汉帛奖"第二十三届中国国际青年设

图 26 "汉帛奖"第二十三届金奖作品《幻城》夸张流畅的肩袖设计让服装更显市现代感

图27 "汉帛奖"第二十九届竞赛银奖《记忆的形状》对臀部的联想与夸张

计师时装作品竞赛设计的金奖作品《幻城》。设计师梁秀栋利用3D打印技术，强化圆肩羊腿袖轮廓设计，服装将圆顺的肩部与夸张的袖子流畅地结合起来，利用数码印花技术形成烟雾状渐变图案效果。数码印花技术助力黑、白、灰颜色层次过渡自然，让服装色彩层次更加丰富。

（二）臀

在服装造型中，臀部的变化对于服装廓形的变化影响也很大。在西方服装发展史中，臀围线经历了自然、夸张、收缩等不同形式的变化。为了实现人类心理的"自我扩张"，或是夸张强调女性曲线，人们利用各种衣料、内衬垫来扩大人体的体积，如西方贵族妇女曾用裙臀垫、鲸骨箍等来夸张臀围，创造出服装历史上最庞大的裙子，以至于需要有人帮助才能出门、坐下。如图27所示，"汉帛奖"第二十九届竞赛银奖作品《记忆的形状》中的一款，作者毕然的灵感来源于中国瓷花瓶，结合3D打印技术对服装腰臀部进行夸张镂空处理，夸张的花瓶仿生造型体现传统文化印记梦境中的东方形态。

（三）腰

腰部在服装造型中的变化最丰富，强调纤细的腰部会让女装整体曲线更加玲珑有型。在西方服装发展进程中，强化腰部造型也是服装廓形变化的重点。尤其是在19世纪末，女性服饰仍沿袭着文艺复兴时期流传下来的大裙撑。为了使身材凹凸有致，小女孩从十一二岁起就被迫束腰，以追求"T8英寸（约46厘米）"的腰围。这些女孩长大以后盆骨变形，因而导致许多妇女生育时难产而死。但是那种洛可可式的纤腰大摆连衣裙，将优雅、纤细的上下装比例发挥到了极致。直至20世纪初服装去除裙撑，女人的腰身才得以解放。当然，我国也早有"楚王好细腰，宫中多饿死"的诗句，由此可见腰部对服装造型的重要性。腰部设计的常用方法有：

1.束腰设计和宽腰设计

束腰设计和宽腰设计是按腰的围度划

分的。在服装基本廓形中，H 形和 O 形是典型的宽腰设计，腰部形态松散，宽松自如，属休闲、简洁风格。而 X 形是典型的束腰设计，腰部形态紧束，纤细柔美，属窈窕、典雅风格。这两种服装廓形在西洋服装史中交替出现，尤其是在 20 世纪的近百年里，经历了 X—H—X 形的多次变化。这些变化在现代服装竞赛中常有出现，不管是 X 形还是 H 形腰，只要与系列服装风格贴切，都能展现出鲜明的主题特征。

2. 高腰设计、中腰设计和低腰设计

高腰设计、中腰设计和低腰设计是按腰节线的高低划分的。变化腰节线的高度，可以带来比例上的明显差别。在中外服装史上，腰线的位置时常变换，许多国家的服装在腰线上都有过变化。

当人体的腰节线和服装的腰节线一致时为中腰设计，中腰服装端庄自然，这种类型的服装常出现在如 Theory 等职业品牌中，能凸显穿着者的专业性，因此在大多服装竞赛中并不常用，它常运用于职业服装设计竞赛中；当服装的腰节线高于人体的腰节线时为高腰设计，高腰服装修长典雅，常运用于礼服设计中，因为这种服装体量较大，并且能很好地突出穿着者的身材比例，适用于大多数服装竞赛；当服装的腰节线低于人体的腰节线时为低腰设计，低腰服装轻松随意，如图 28、图 29 所示，从 Miu Miu、

Alexander Wang 的秀场图中不难发现，低腰有回归流行之势，大多以短上衣和露脐低腰下装为搭配，展现穿着者的身材，常运用于休闲服装设计竞赛中。

3. 摆的设计

摆就是服装的底边线，在上衣和裙装中通常叫下摆，在裤装中通常叫脚口。摆是服装长度和围度变化的关键参数，也是服装廓形变化的最敏感的部位，摆的长短宽窄直接影响到服装的比例和时代风貌。关于"底边线的位置在哪儿最适宜"是永远的话题。女

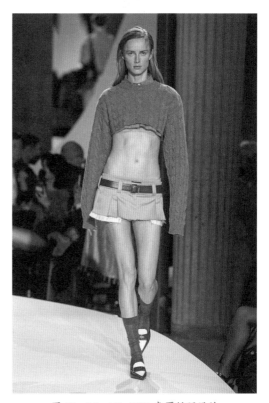

图 28　Miu Miu 2022 春夏低腰设计

图 29　Alexander Wang 2022 春夏低腰设计

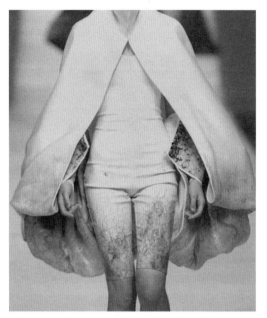

图 30　A 形球形下摆渐变披风

裙底边线的长短演变会给服装界带来颇具影响的时髦效果。在竞赛中，底边线除在长度上比成衣长度更为夸张之外，形状上的变化也很丰富，如直线形底边、曲线形底边、对称形底边、非对称形底边等。底边的围度决定了肩、腰、底边的宽度与厚度的对比，往

往比常服对比更为夸张，因夸张使服装外形线条比例更加强化风格，视觉比例更有冲击力。如图 30 所示，"汉帛奖"第二十一届中国国际青年设计师时装作品竞赛优秀奖作品《胶囊》，作者基萨尔多妮娜用渐变的球形下摆披风衬托出了腰部的纤细与服装内外衣的立体层次，超短的外形显出人体腿部优美的线条，作品既显示出人体曲线线条美感，又有立体造型感、层次趣味感。

第四章
服装设计竞赛的面料设计

第一节 服装面料创意设计的目的与意义

服装面料创意设计对竞赛服装设计的意义

随着社会的发展、技术的进步，当代人的审美需求也在不断提高，对于服装的款式越来越追求多样化、个性化。服装设计竞赛就是为了促进服装设计行业的创新与发展应运而生的。服装设计竞赛提倡全新的设计理念和与众不同的款式，通过材质异变来丰富个性化的服装设计，满足消费者求新求变的心理需求。设计师除了在服装竞赛中的造型设计上不停地创新之外，还需重视服装的面料创意设计。面料设计可以被称为服装设计的灵魂。服装面料是服装创意设计和制作的基础性要素，也是决定其风格和着装效果的重要因素。即便是相同的服装款式，由于使用不同的面料与

不同的处理表现方法，会有截然不同的效果。在竞赛服装设计中，服装的质感、颜色、图案、层次等内容都可以通过服装面料再造表现出来，比赛系列服装从面料肌理、光泽、造型、色彩等方面设计会增强服装视觉感官享受，同时也带来了不同肌理触感。不同的面料穿着走动的时候会由于一些面料的缀饰相互碰撞摩擦发出声音，其传达的节奏和韵律，间接传达出设计师的设计思想，更能增强创意服装的艺术形式。服装面料的创意设计不仅是材料风格的再现，还是服装设计师新鲜的设计理念、设计风格的展现。通过局部使用服装面料的创意设计，增强局部与整体对比的强烈的视觉效果，充分把握面料质感，使之在服装局部发挥特殊的艺术效果。因此在服装设计竞赛中注重对服装材料的开发和创新，把现代艺术中抽象、夸张、变形等艺术形式融入竞赛服装款式设计中去，为现

代服装艺术创新提供更广阔的发展空间。

因为面料再造与创新是推动服装款式设计创新非常重要的要素，所以服装材料的研发是服装设计形态构成非常重要的设计要素之一。服装新材料含颜色、光泽、肌理、手感、触感等要素，对服装造型创新设计的成功与否起着关键作用，而服装新材料的研发和运用研究为竞赛服装造型设计既奠定了前期设计基础，又提高了服装的视觉冲击力。设计师可以通过面料材质创造出各种新鲜、特殊的质感和肌理，使服装局部表现更加耐人寻味，丰富有趣。服装设计离不开面料创意设计，服装面料的创意设计结合最新的现代技术与工艺，能为设计师打开更广阔的设计思路。作为服装设计师，要预料到不同面料结合各种服装工艺在服装上所呈现的不同效果，在服装设计过程中充分发挥面料的优点和性能，让面料的选择与使用与整体服装工艺、设计完美结合，呈现出最理想的展示效果。尤其在服装设计竞赛的服装中，服装面料的创意设计往往能提升整个服装款式的创新与视觉新刺激。设计师通过对服装面料的创意改革，充分挖掘服饰的面料个性，用设计去体现服饰的新鲜与审美。个性化的表达是服装原创设计的目的，也是诞生新的服装艺术作品的最佳时机。

第二节 服装设计竞赛中常用基础面料分类

一、比赛服装面料特点

在面料的选择上，一般着重考虑赋予设计作品的艺术表现效果，强调服装视觉冲击力和独特鲜明的艺术风格，特别是创意型比赛服装，可以不着重考虑其实用性能。因此对于服装设计师来说，凡物皆可作时装材料，只有准确把握好各类材料的性能及所表现的风格，才能将所想象出的一切物件挪移到模特身上，包括竹片、玻璃、钢片、塑料、骨、木头、纸、羽毛等。比赛服装的面料除了大胆创新以外，还要注意用材的恰如其分和夸张的恰到好处，切忌生搬硬套、胡乱堆砌或不进行材料加工而粗制滥造，造成作品幼稚和粗糙的结果。把握好材料的应用是作品成功的关键要素之一，因此，正确地选择材料、体现材料美，是一位设计师的基本功。设计者必须围绕设计主题，反复摸索，反复推敲，把握作品的艺术效果和整体和谐的关系。一些特殊的材料只有别出心裁地予以加工完善，使其相对合理地穿在人体上，才能在众多比赛服中显得独特。

二、比赛服装面料分类

比赛服装面料可分为常用纺织服用面料和非纺织服用面料两大部分。

（一）服用材料

常用服用面料更贴近服装内需，能更舒适地穿在人体上。非服用面料的质感和可塑性更能体现服装的造型，往往更能通过面料材质的特殊凸显服装设计风格两者完美结合，相得益彰。随着科技的高速发展，除了传统的棉、麻、毛、丝材料以外，还研发出了更多功能性面料，如阻燃、单向导湿、速干、防辐射、防静电、耐高温等功能性面料。新材料的涌现为服装个性化、多元化创新设计提供了更多的面料选择空间。常用的服用型面料主要有针织面料、梭织面料、混纺面料，基本上都是以平面的形式呈现的，如棉布、丝绸、混纺布、尼织物等。从性能、视觉特色上可对面料进行初步的判断，如：厚重立体、轻薄柔软、有光泽、蓬松无光泽、挺括、柔然等。选择哪一种面料用于竞赛设计作品中，要根据设计师对面料的判断，同时选择合理的工艺。摇粒绒、仿阿斯特拉罕羔羊皮的毛织品，适合外表无光有厚重绒毛感的服装，在设计中尽量简单呈现，使材质发挥其原有的风味；外表轻薄柔软有光泽的巴厘纱、纯白纺绸、缎子等面料，在设计时可以运用褶皱、剪切、折相、撞色等工艺技法来实现服装较理想的外观效果；质地挺括的厚重型面料如粗花呢、大衣呢、毛皮等，面料外观有形体扩张感、体积感，能够产生浑厚挺括的造型

效果，适用于服装设计竞赛中创意造型的制作，容易产生夺目、大气的视觉印象；皮革、涤纶等闪光织物光泽感、反光点较强，并有视觉冲击力和时空感，适合用来设计前卫、未来、科技型的时装。

（二）非服用材料

由于中国大部分服装设计竞赛都以创新为评判标准，所以创意型比赛服装作品中通常就会运用到非纺织、非服用的材料。它们和常规服用面料搭配甚至完全采用非服用材料，让人耳目一新甚至"惊骇"的视觉效果是比赛服装的一大设计要点。非服用型材质：非纺织类的材质分为天然材质和非天然材质。在天然材质中，能运用到面料再造的材质很丰富，如贝壳、珍珠、羽毛、木材、矿物质等，这些来自大自然的美好素材，能够给面料的再造提供更多的灵感，丰富面料装饰。除此之外，还有非天然的材质，这些材质经过加工后，同样给面料再造创造了更多的可能性，如金属材质、玻璃制品、塑料甚至各种跨界的原材料或成品。大多数比赛服装都采用服用面料或采用服用面料与非服用面料结合的面料。设计师可以将羽毛、眼镜和用铁丝连接的花纹瓷片等材质用于创意服装的制作，充分体现了服装设计综合选料的跨界性，也体现了设计师的无限创意。如图31中展示了亮片、蕾丝、羽毛等多种不同的材料制作而成的晚礼服，就充分体现了材

料的跨界性和设计师的无限创意。在羽毛颜色的选择上相对保守，以毛衣色彩的同色系为主，在满版使用时则选用与衣身颜色相同的羽毛，且布局稀松以减少毛衣的膨胀感。主要非服用材料及其所具有的特征，如玻璃有水晶梦幻般的、永恒的效果，木头能表现民间的、古朴的、敦实的、原始的效果，兽骨能表现粗犷的、原始的、野性的效果，纸材质的运用有趣味的、艺术的、美好的感觉，钢片、铝片表现高科技的、冷酷的、太空幻想的效果，羽毛材料的运用有野性的、

原始的、民间的效果，PVC、POE、EVA 等透明材质的运用能表现科幻的、怪异的、性感的效果，草编有一种自然的、乡村的、野趣的效果，铁片有深沉的、充满力量的效果。运用非服用材料时要着重考虑其可加工性、可塑性、材料搭配合理性等问题。

第三节　服装创意面料设计的原则

服装面料设计看似随心所欲，完全凭设计师的个人喜好，其实是有一定的原则与规律的。设计师以人的需求为中心，研发设计出的面料与服装人体、市场是紧密结合的。

一、服装面料设计充分展示材料特点

在服装创意面料设计的过程中，必须先熟悉材料的各方面性能，如厚重、轻薄、抗皱性、悬垂性、强韧性、耐磨性、伸缩性等，不同的面料呈现出不同的外貌特征、手感、肌理，只有先对材料全面地了解后，才可能有效地利用各种原材料，对其进行再处理，使其出现丰富的色彩感觉和视觉效果，展现出独特的面貌。材料风格应与服装设计风格相匹配，通过服装面料特色充分展示服装风格特色。例如，把轻而薄的柔软性面料设计制成带有褶皱的面料，其制成的礼服廓形看上去肌理丰富且不臃肿；透明面料为使透明感不过分夸张，可以运用叠加织物或刺

图 31　Elie Saab 秋羽毛、蕾丝、亮片搭配肌理

绣钉珠的方法，体现朦胧含蓄的设计风格。因此，服装创意面料设计需要建立在设计师对各种面料性能的充分了解上，并能结合传统或现代的工艺手段改变其原有的形态，以产生新的肌理和视觉效果。

二、服装创意面料设计要完美结合服装设计工艺

在思考竞赛服装设计时，设计师需要综合发挥面料的特点与服装设计的人体结合块面因素的关联性。服装创意面料设计是设计师对现有面料人为地进行再创造和加工的过程，从而使面料外观产生新的肌理效果及丰富的层次感。结合面料的性能和特点思考服装设计的风格和工艺造型特点进行设计。只有选择合理加工工艺技术，才能以最完美的形式展现面料新的艺术风格，从而达到面料形态特色与服装设计的完美融合。如体现庄重感的职业装设计，如果将面料大面积地进行剪切、镂空处理，面料反而会反向影响设计效果，如在局部加入刺绣的图案会让服装因增加肌理层次、颜色层次而增加趣味活泼印象。所以一件优秀的服装创意面料作品，不仅需要面料设计构思独特，还要结合服装设计选材得当，同时采用合理的技术、工艺也是至关重要的。例如针织面料的脱散性要求其工艺的处理方式有其特殊性要求；皮革、毛皮类材料的特殊缝合方式与其质地特

点有密切的关系。因此，设计师只有把握面料的内在特性，创意面料破坏性设计有其产生的背景，20世纪60—70年代的时尚潮流被欧美年轻人所支配，此时的时尚概念已经和"优雅"背道而驰，取而代之的是"朋克""嬉皮士""先锋派"。时尚成为标新立异、叛逆和试验的代名词。英国伯明翰学派针对这些现象进行分析透视，把研究焦点放在亚文化与其他文化的构建关系中，代表人物之一迪克·赫伯狄格（Dick Hebdige）指出，青少年亚文化具有的"风格化"，它的"抵抗"采取的不是激烈和极端的方式，而是较为温和的"协商"，主要体现在审美、休闲、消费等方面，是"富有意味和不拘一格的"。在这种青少年亚文化的趋势下，以人为本的个性形式更加强调和表现自我，回归自然，消费形式也由此前的物质消费转向精神消费。体现在服装和面料上，其设计手法以大胆的故意破坏、创造性的分解解构和不可思议的搭配冲击着传统服装美学，影响西方的主流文化。表现出异域风格、另类前卫的审美趣味，引领了此后的面料和服装向多元化和个性化发展。

第四节　服装创意面料设计的灵感来源

灵感是艺术的灵魂，是设计师创造思维

的一个重要过程，也是完成一个成功设计的基础，但是灵感并非唾手可得，需要设计师有良好的艺术表现能力和专业实践基础。同时，灵感的来源也是多方面的、发散性的。面料创意灵感可以来自各种自然景物，如水或沙漠的波纹，植物的形态和色彩，粗犷的岩石和斑驳的墙壁；也可以来源于各种视觉艺术，如音乐、电影、摄影、建筑、现代绘画、戏剧等；其他的艺术形式都是相互借鉴和融合的，如建筑中的结构与空间、音乐中的韵律与节奏、现代艺术中的线条与色彩，甚至触觉中的质地与肌理，都可能令我们产生灵感并运用到面料原创的设计中。如图

32 "汉帛奖"第二十三届中国国际青年设计师时装作品竞赛铜奖作品《敏症》所示，设计师甘董欣蕊指出，面料的灵感来源于对游离状态细菌的联想，用针织毛线刺绣、镶嵌、羊毛毡毡化等技法综合处理，服装面料肌理图案设计既稀奇又有特色，服装选用纯度较高的有生命力的绿色与黑色搭配，面料表达有张力。面料创作的灵感还可以来源于不同民族文化的融合，如西方服饰中的皱褶、切口、堆积、蕾丝花边等立体形式的材质造型，东方传统服饰中的刺绣、盘、结、镶、滚等工艺形式，非洲与印第安土著民族的草编、羽毛、毛皮等，都成为设

图 32　"汉帛奖"第二十三届中国国际青年设计师时装作品竞赛铜奖作品《敏症》的灵感来源于细菌

计师进行材质设计时所钟爱的灵感来源。

服装设计师收集、积累各种信息、资料，对事物进行细致的观察，通过联想、深度思考发现事物最有特色的方面，从服装设计创新的角度对各方面的灵感进行深入的取舍、提炼、打散、重组、再造，并充分发挥想象，从中找出最时尚、最新鲜创意的部分应用在服装设计竞赛主题设计中。

第五节　服装竞赛中常用的面料肌理创新方法

一、服装面料综合创意设计主要手法

服装设计竞赛中因主题表现的需要，常常不满足于服装面料原有的外表状态，而要进行进一步的加工和改造，使其变成独具美感和特色的材料。在以往的服装设计竞赛中，设计师已经在肌理、颜色、材质的创新方面做了很多大胆的尝试。在服装设计中，运用创新肌理的面料，核心目的是使新材料的表面肌理形式与服装设计风格、当代审美观念相适应，服装款式通过面料形态的增型综合处理，创造出全新的视觉效果。肌理的创新手法有很多种，常用到的方法主要有以下五种：

1. 添附设计法

在成品面料的表面进行绗缝、镶嵌、刺绣、烧花、抽丝、镶滚、热压、填充、贴布

等方法。如烫压法可以用一些特殊材料如金属、木材、塑料、羽毛、皮革、宝石、珠片等具有强烈色彩和质感差别的材质进行混合搭配，在现有材料上塑造出新的体积和色彩空间，进而产生不同肌理对比的新质感面料。图33便是在基础的面料上进行压皱，出现凹凸不平的外观，从而产生新的肌理效果。图34所示，"汉帛奖"第十九届中国国际青年设计师时装作品竞赛获国家奖作品《糖厂》，设计师孙璐在棉麻面料上进行拼贴、褶皱、钉珠、钉花等处理，通过花纹突出肌理感强的服装特色。

2. 结构改变法

通过剪切、撕破、腐蚀、烂花、打孔、切割、抽纱、烧花、镂空、破烂等方法改变原有面料的组织结构，直接破坏或改变原有织物面料的结构，具有自由随意或不完整的表面特征，看上去凌乱不完整、无规律但又追求一定的艺术效果和审美趣味。图33是将平滑的面料进行抽丝从而改造了面料的外观。

受工艺和设计的影响，常用结构改变有以下方式：剪切是在面料上剪口或裁条，这种设计手法是最普及和常见的，只需要把面料表面剪出有形或者抽象的形状。日本设计师三宅一生和川久保玲曾发起"破烂式""乞丐装""贫穷主义"的设计风潮，与原有华丽优雅的传统审美习惯形成反差，为后来的

图 33　面料压皱产生凹凸不平的肌理效果

图 34　拼贴与褶皱、钉珠、钉花的处理

图 35　结构改变法之丝绒烂花

服装设计师开启了思路。不是所有的布料都可以用来撕扯的，纤维坚固、粗厚的牛仔布或厚棉布却可以在撕裂后不会肢解、分崩离析，反而能产生优美的悬垂感和曲线。牛仔布通常要经过石磨水洗整理，撕扯和打磨使面料具有怀旧感的外观，如今主要用纤维素酶进行返旧整理，通过纤维素酶的剥蚀作用，磨损纤维表面，剥离染料，产生水洗石磨的外观，赋予织物独特的审美效果。破洞型牛仔布主要通过水洗整理后，再用剪刀、冲等工具进行破坏处理，制作成程度、大小不同的破洞。设计师将现有的面料进行破坏性尝试，从而获得与原来面料视觉不同的亦实亦虚的新面料。

腐蚀性破坏主要有两种方法：一种是直接腐蚀，用稀释成一定浓度的硫酸等化学药品直接滴在衣物上，通过药物作用，面料很快就会被腐蚀出小洞，这种腐蚀工艺要求面料组织相对简单。烂花腐蚀工艺主要借鉴烂花印花工艺的特点，在表现方式上又区别于烂花工艺印花的有序和规律。其方法是将两种或两种以上纤维组成的织物表面，印上腐蚀性化学药品硫酸等，经烘干处理使某一纤维组织破坏而形成镂空，而另一种纤维则不受影响，这样形成特殊风格的破坏性面料。如图 35 所示，将普通丝绒面料进行烂花工艺处理，既增强了立体感，又突出了绒质感的花纹。这种设计手法与直接腐蚀的区别在于层次和色彩，黑色心形纹样通过烂花工艺破坏多种纤维组织做出面料肌理层次。

3. 解构设计法

将零碎的材料部件通过各种尝试组合在

一起，通过捏褶、抽褶、车缝、压花、缩缝、层叠、拧转、捆扎、堆等工艺手法对原有材料的表面形态进行变形，形成具有凹凸肌理对比的、浮雕立体效果的新质感、触感面料；或者利用钩编技术将面料进行钩编处理，不同质感的绳、线、带、皮条等组合成具有创新性的作品，呈现连续、交错、凹凸等视觉肌理效果；或者对现成服装、图案、面料等元素进行打散分解重组后形成一个新面料，创造出款式新颖、错落有致、疏密相间的新肌理效果面料的触觉与视觉冲击力。如图36所示，在面料醒目的撞色格型层叠上利用车缝工艺叠加白色蕾丝花朵重新排列组合方式，赋予了面料新的活力。

4.印染法

分手工印染、工业印花两种常规的印染

图36　所示撞色格型面料利用车缝工艺叠加白蕾丝花朵

方式。传统的手工印染法又称染缬法，即利用染料在织物上染出不同的纹饰。按照染缬工艺的不同，可分为夹缬、扎染、蜡染、手绘、喷绘等方法。手绘是手工完成，耗时长、成本高，创作时自由随意，充分展现设计师的个性。工业印花有两种：一种是传统印花工艺，传统印花工艺分为丝网印花、转移印花、手工印花。丝网印花主要利用网眼花板对印花色浆进行处理，并在织物表面形成花纹的方法；转移印花主要是通过热压工艺，将纸上的图案转移到织物表面；手工印花是利用不易掉色的丙烯等颜料，将图案手绘在服装面料上，颜料选择还可以选择发光、发泡颜料，增强图案效果。另一种是数码印花技术，数码印花设备的价格较高，不论是购进还是后期的维修保养都需要花费大量的成本，而且数码印花过程虽然简化了制版、制片、分色描稿等传统印花工艺的生产流程，但是其印花速度还是较传统印花速度要慢。然而，其色彩丰富，可进行2万多种颜色的高精细图案的印制，并且大大缩短了从设计到生产的时间，染色污染少，可单件个性化的进行生产。通过印染法加大面料色彩对比层次，极大地丰富了图案设计在面料上的体现。如图37所示，Alexander McQueen 2023春夏男装系列，利用数码印花技术展现了大量落霞余晖般的晕染图案，将自然与结构联想生成的黄灰色系晕染图

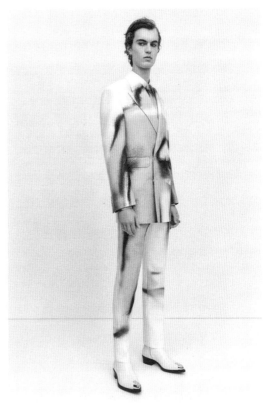

图 37　Alexander McQueen 2023 春夏男装数码印花高定系列

案印制在卡迪面料上，精致的双排扣西装外套搭配棉府绸衬衫，图案印花从衬衣到西服，色彩丰富，图案过渡自然流畅，体现出服装既精细又时尚的现代感。

5. 综合创意法

有设计师曾经提出"面料是服装设计的第一灵感，一块好的面料本身就是服装设计的一部分"，由此可见，面料综合创意设计在竞赛服装设计中的地位是重要的。随着技术的不断创新，面料综合设计已成为近几年赛事的显著特点之一。单一面料肌理的处理及运用在表达作品主题或体现个性方面，有时会显得"力不从心"。服装设计师为了更好地诠释设计理念，往往会采用组合或镶拼的方式将两种或两种以上具有明显不同肌理的面料组合搭配在一起，对面料进行厚与薄、硬与柔、轻与重、细腻与粗犷、滑爽与粗糙、艳丽与古朴等的对比，来增强服装的造型美感，构成面料形态丰富的层次，使服装散发出独特的艺术魅力。用镶嵌或缝和重叠等方式进行综合面料改造，改造后会有两面性，有可能产生更好的面料，也可能是失败的尝试，但是尝试的目的是不断寻找更新鲜、视觉效果更好的服装新面料。设计师要做的就是走出常规纤维既定概念的束缚，在多领域进行试验，从毫不相干的事物上寻找线索与灵感，寻找一种属于自身原创的新设计。设计师要会用材料、善用材料、敢用材料，这需要对材料的质感和肌理进行深入的探究。这种设计创新的思路，正好迎合了设计师个性情感的表达，也反映了我们对现代生活的求美设计新体验。

通过对面料的综合设计，不同类型、不同触感面料的合理搭配，成为设计师们不断探索的新专题。通过对面料色彩、肌理、外观、形态等进行综合加工，进而获得新奇、独特的服装设计表现效果。综合创意设计中的"创意"是灵感激发的过程，也是综合创意设计成败的关键。对于服装面料本身，可以从局部创意设计来突出部分与整体的差异性，也可以从整体创意设计中来营造独特的美学风格。

面料综合创意设计其作用表现在四方面。一是强调对面料触觉肌理的表现，以印花、亮片、镂空、金属丝、缝缀、刺绣化边处理等手段，来改变面料的肌理特征，也可以从抽丝、烧灼等减型处理方法中来突出整体美感。二是强调对服装面料的装饰造型，如通过珠宝挂饰来强调奢华视觉感，以及对面料自身表面进行造型处理，如镶

嵌一些亮片、钻石等来提升服装面料的华丽档次。三是强调对不同服装风格的营造，通过面料的创意处理如做皱面料等来强化服装风格和个性，营造不同的艺术风格。四是强调面料的创新开发，如蜡染工艺、扎染工艺、刺绣等传统手工艺在面料综合设计中的创新运用，既提升面料自身的艺术美感，也推进了面料处理工艺技术的进步。图 38 所示的 2023 年 Amiri 秀场发布会新品，此件夹克运用刺绣、镶钻、堆线、叠纱等多重工艺手法对面料进行了综合处理。

图 38　2023 年 Amiri 秀场面料综合创意设计

二、创意面料在服装中的设计方法及表现形式

服装设计与面料创意设计，二者是相辅相成的，通过面料的再造能够让服装创意表

现得更加丰富，而服装设计思路也能给面料创新带来更多的灵感和创新性。下面分别从整体、局部对服装设计与面料创新设计进行分析。

（一）先整体后局部的设计秩序

服装设计的创作思路之一是先宏观整体设计，后局部细节设计。这种方法先通过对创意服装的整体设计进行思考，再逐渐考虑局部颜色的明度、纯度、肌理等。在市场上选择合适的颜色、质地面料，如不能达到视觉效果，可以通过各种面料再造的技巧来改变面料肌理，再经过合理的缝制工艺来实现服装设计的创意。从灵感来源结合人体进行调整与改良，把创意服装的设计理念通过对造型、色彩和材料的深入分析，得到最适合整个创意的元素。在服装设计竞赛中，设计师先思考创意服装的宏观整体外形廓形与内部色彩的块面比例分配，然后再思考每个色块的面料选择及创新处理方法，一切都是为服装设计整体创意而服务的。在这一过程中，面料的再造设计与创意服装的设计目的是一致性的，就是将服装原创冲击力、审美度达到一个新高度。用原创的服装材料和合理的工艺运用以及上下、内外服装理想的颜色、比例搭配来表达，让参赛服装的设计精髓得到完美的诠释。这种设计思路整体系列感控制较好，能够综合协调考虑服装色彩、肌理、比例、搭配的统一与对比的关系。

（二）由局部到整体的设计方法

与上一种的设计方法思路相反，这是根据特色面料所表现的风格特征，来权衡如何在创意服装上进行表现。这种从局部到整体的设计方法，从一开始并没有明确的设计思路，而是设计师被面料的特殊颜色、肌理与光泽所吸引，激发了设计师的创作灵感。传奇设计师迪奥先生曾说过："我的许多设计构思仅仅来自织物的启迪。"也就是说，从面料的特色光泽、颜色出发，选择合适的面料，如果面料还需改良可选择相匹配的肌理再造方法对面料进行处理，形成丰富的面料表现形式，而这些表现能够提供给设计师创意服装的灵感，从而促成服装设计创新与实践。这样特殊的面料往往是视觉丰富的，且在服装设计中以主要的形式呈现。这种设计方法以点带面，要注意不要忽视对服装整体系列化设计的考虑，从局部到整体的设计既要突出面料特色，也要避免整体上的碎片化倾向。

（三）创意面料在竞赛服装设计中的综合表现

创意面料在竞赛服装设计中的表现方式是多样的，无论怎样表现，创意面料在服装设计中的表现形式遵循着既拉开对比又整体调和形式美的总法则。根据创意服装的不同特性要求，面料的多样化在材质和工艺的处理上也要通过形式美的法则进行调配。对比与统一是形式美的总则，在创意服装的设计中，运用两种以上的元素进行设计，就会产生对比和统一的关系。

对比就是把不同质感、不同色彩、不同体量、不同形状的设计元素放在一个设计中，形成相互比较的关系，用来突出或强调各自的特性。对比效果的目的是强调所运用的设计元素各部分之间的差异，以此种方式来增强差异所带来的冲击感从而形成独特的艺术魅力。通过面料的多元化与工艺的选择所产生的对比，用在创意服装不同的部位会有不同的表现。参赛服装常在廓形、颜色和材质上运用对比的手法进行创作。首先廓形将两侧的袖子处做了很夸张的茧形造型，将人体以细长的形式表现，通过填充在体积上做出了明显的对比，显示出不同的体量感。在材质的运用上，同样是将厚重的长毛纤维与轻薄的纱织物进行对比，并且将薄纱用两种不同的形式表现，呈现出相同材料下平面和立体两种质感的对比。这样的对比方式的运用，很明显地让观者能够感受到设计师想强调的服装效果，即通过各方面的对比让服装产生了强烈的冲突感。

风格统一是竞赛中服装系列、单套服装作品的设计前提，通过将两种对比的元素进行统一调和，用某种过渡的方式寻求共同点，逐渐过渡形成风格统一、整体协调的系列服装设计。在服装设计选用面料时有较为冲突的不同材质形成对比，轻透的网眼材料和厚重的堆积编织材料使得本身的体量关系出现了很大的对比，但是经过材料穿插运用的手法，以及颜色的统一，使得服装本身出现了相对统一的视觉效果。服装创意面料与竞赛服装设计相结合时，在整体服装风格协调统一的基础上，通过面料结合人体在服装上的合理布局，设计师考虑如何合理应用形式美法则，以及如何突破形式美法则，实现服装局部或整体的突破，使终稿的服装设计带来全新视觉冲击力和美的感官享受。服装的创新往往是打破常规的设计，使得设计作品的原创性和突破性得以更理想的发挥。在服装设计竞赛中，无论是哪种设计方法，都是围绕着服装设计的整体造型对比与统一的原则、服装设计系列性、服装色彩设计中的对比与协调关系来思考服装面料的创新与应用的，设计师不仅要了解和熟悉各种材料的性质和各种工艺方法的运用，还要对竞赛中的设计主题有自己的原创思想，只有这样才能在设计竞赛中取得理想的效果。

第五章

服装设计竞赛的配色设计

　　色彩作为服装美学的重要构成要素，将其色相、明度、纯度三要素创新、搭配思考就是服装设计竞赛中设计师的主要任务之一。竞赛服装色彩设计的审美要求比常规服饰设计要求更高。服饰色彩搭配主要讨论的是色彩之间对比与调和的度的关系，色彩对比过大容易产生视觉艳俗的不调和感，色彩对比过弱、调和过多容易产生视觉上平淡的效果。因此，竞赛服装的配色目标是在色彩配色原理基础之上思考综合配色方案，精确找出色彩对比与调和尺度最理想的搭配组合方式，让服饰色彩之间产生的视觉效果冲击力更大，色彩之间产生的情绪更加愉悦。

　　服装配色原理搭配总原则：在服装设计竞赛选色时，通常先确定主色调和主色，其他副色均围绕主色搭配和谐筛选确定。在思考主色与副色如何搭配时，核心问题是解决主色与副色之间对比与调和之间度的关系，前提是在调和的基础上如何加大色彩纯度、

明度、色相之间的对比，寻找主色与副色之间的色彩搭配新鲜组合方式，让服饰整体形象显得色彩更加丰富、配色更为有趣。服装如何通过主色与副色搭配后形成全新的、理想的视觉风貌，这是服装设计师在参赛服装色彩设计中重点关注的问题。服饰色彩搭配中各种配色组合都体现出不同感觉的情绪效果，都会显示出不同程度的美。为了寻找到配色的最佳美感组合方式，灵活运用色彩搭配的基本原理是创新色彩设计的原则。在服装设计竞赛中常用的配色总体规律有：（1）要按一定的计划和秩序搭配色彩，如色相环秩序、同一色系明度秩序等组合搭配，视觉的有序滑移本身就是和谐愉悦的情绪。（2）相互搭配的色彩有主次之分，根据各色之间对比与调和的关系决定每个色在人体服装上所占的位置和面积大小，一般按视觉最舒服的方式排列，如可以用黄金分割线比例关系寻找主次搭配，产生秩序美。通过补色之间

面积大小的悬殊搭配也可以产生愉快的配色体验。（3）由色彩搭配而产生的节奏旋律感是不可或缺的。它可由服装图案如面料色彩的重复产生节奏感，也可由面料的重叠或正边等工艺产生节奏旋律感，还可由色的彩度和明度渐变或者配色本身的形状的变化产生节奏与旋律感。无论是由于哪种方式产生节奏旋律感，找到能够激起人们内心跌宕起伏的旋律感配色方式，使配色效果从心理上、视觉上都给人带来和谐优美感受是配色的核心原则。这种感受越强烈，其竞赛服饰配色组合形式就越成功。服装设计竞赛配色组合就是要以这种情绪感受最大化的配色组合为颜色选择，有时可通过对服装某些部位的装饰和衬托，加强服装某一部分的吸引力而达到这一效果。由于服饰面料、服饰配件材料的特殊性，即便是同一色相、明度、纯度，由于选择了不同材料、不同面料肌理，会呈现出不一样的视觉效果，因此在服饰设计竞赛中，选色是可以通过运用科学的方式、艺术的手段对服饰色彩的内在与外在因素进行研究、整体规划，以期达到服饰配色理想的、新鲜的表现效果。我们可以根据以下的配色原理分析来指导服装竞赛色彩设计中的搭配组合方案。

第一节　服装设计竞赛中以明度为侧重的配色

在服装设计竞赛中，不同明暗程度的色彩组合，配置在一起时，更多地注重色彩的明度以及对比的尺度。以明度对比为主的配色，是指以明度强弱对比为主，以色相与纯度变化为辅的配色方法。主要以下有三种配色方法：

一、明度差弱的色调配色

色调配色主要是明度接近，一般分为高明色调、中明色调、低暗色调。不同明暗程度的色彩组合，配置在一起，更多地注重色彩的明度对比的尺度。一般选用明度接近、纯度接近的不同色彩组合搭配。（1）高明度配色（纯色加白形成粉色调、浅色调）形成明艳色调，如高明度淡黄、淡粉绿、淡粉蓝等色彩，能体现服装柔和的色调，在女装、童装服装竞赛中经常选用。由于色相环中的颜色都与白色相混，共性始终存在，白色混入的成分比例越大，共性越多，色彩明度越高、纯度越低。搭配时加大色相环之间的距离让对比拉开是情绪高低的关键。两色色相环之间的距离越远，对比略强烈反而情绪较高，当纯度低到一定程度后选用补色对比配色反而较理想。（2）中明度的配色（纯色加灰形成浊色调、浅灰色调），中明度配色意味着色相加入了白色与黑色，根据加入白色与黑色成分比例的不同，中明度色相也会有明度与纯度的高低，纯度越高，色相环之间的距离越近，产生的对比较强烈；色相纯度越低，在搭配时色相环之间的距离越远，色彩对比的舒适愉悦度更高。中明度灰色的配色效果优雅、柔和、丰富，具有成熟、稳健的情绪，特别适合春秋服装的配色。在服装设计竞赛中选用灰色调配色，对色彩的明度、纯度对比要求更加严苛，这样才能体现品质的高级感。（3）低明度的配色（纯色加黑形成深色调、暗色调），形成偏深色的沉静情调，具有一种庄重、严肃、文雅而忧郁之感。这种色调，若青年人使用则显得文静、时尚而深沉；若老年人使用则显得庄重、含蓄而老沉；若知识分子使用则体现出超凡脱俗、极有修养之感。色相环之间的距离是低明度配色考虑的重点，距离越近对比越弱，配色最佳情绪越不容易调动起来。因此，拉开选择对比的度是低明度配色的关键。低明度色调是冬装服饰竞赛最常使用的颜色。

图 38 明度差中等的配色

二、明度差中等的配色

在设计竞赛中，若选用淡色调和淡色调的搭配，如中灰色调和深色调的搭配，与低暗调相比具有明亮感，这种配色方式在庄重中呈现出现代雅致的情绪，较适合黄皮肤肤色的秋冬季节的配色。

如图 38 所示，Marrisa Wilson NY 晕染图案采取了中明度的配色，不规则的扎染给人一种随性、自由的感觉，多层次穿搭采用鲜明的配色，充满了青春气息。服饰呈现较明朗、轻快的情绪，特别适合春夏及初秋服装设计的配色，略显活泼又不失雅致。

三、明度差大的配色

指明度对比强烈的配色，即明色和暗色

图39　明度对比大的色彩搭配

神工之作，干净清澈，让人感到平静，比较百搭的沙卡其可作为主色调，与亮橙色组合，为整体增添活力色彩。

第二节　服装设计竞赛中以色相对比为侧重的配色

色相之间的差异是构成色彩对比的关键。在色相环上，距离越近的色彩共性越多，对比也越弱；距离越远的色彩，共性越少，对比也越强烈。色相弱对比包括同一色和类似色，这类色彩的色相差别小，搭配起来含蓄雅致。对比弱，又容易显得过于单调和呆板；对比效果强烈，虽具有较强的视觉冲击力，但是容易造成不协调、不统一。通过配色找到对比与调和的最兴奋、最愉悦的尺度，始终是以色相为主、以纯度明度为辅的服饰竞赛配色的准则。

一、同色相配色与调和

选同一色相配色，每种色都拥有共同的色素，就像一个大家族中的亲戚一样，选用的颜色的明暗、深浅度不宜太接近，否则配色因对比过弱缺乏活力；适合选用色阶大、色差明显的配色，这样易产生活泼感。在服装设计竞赛配色中，光产生活泼感还不够，要通过加大两色或多色之间的明度对比或纯度的对比，加大面料材质肌理的视

的搭配一般都适当加入白色与黑色两种颜色。明色加入白色较多，黑色较少；暗色加入黑色较多，白色较少。两种色相纯度较低，是服装设计竞赛中经常选用的一种颜色搭配组合方式。它让竞赛服装效果更明快、清晰、视觉冲击力更强烈，因为明度对比大，在服饰竞赛展示表演时显得动感强烈。如图39所示，Jack Wolfskin利用明度差异大的色彩配色，铜绿色湖水的颜色就是大自然的鬼斧

觉冲击力，进而找出最理想的视觉效果是设计的关键。

二、类似色配色与调和

类似色对比配色指在色系环之间距离角度在30°—60°左右的两个色彩搭配。邻近色也有远邻与近邻之分，类似色服装搭配因色相相距较近，如红色与橙红或紫红属近邻相配，黄色与草绿色或橙黄色相配等，其本身既有调和感又有对比，适合高纯度类似色相配色。但是类似色相间距离太近、对比过弱，易产生染色有色差的效果，配色时适度拉开明度与色相距离，保持较鲜艳色调对比，较易产生良好效果。中纯度类似色相配色，因每种颜色都有灰色存在，共性就更多了，色相环之间的距离较鲜艳，色调加大，配色效果易产生愉悦、优雅的感觉；如图40所示，Botter连衣裙就是中蓝灰色、浅蓝灰色、灰色、绿灰色中纯度类似色配色，色彩里因共有蓝色与灰色，故色彩搭配优雅而舒适。低纯度类似色相配色，任选3—4个低纯度的类似色相色组合搭配，色相环之间距离变得更大，配色效果情绪稳重中带有愉悦感。

三、对比色相的配色与调和

对比色在色相环上距离角度120°—150°的色彩搭配可以构成对比色，如红色与蓝色、黄色等。凡是色相环中暖色系中的任一

图40　类似色中纯度配色

颜色与冷色系中的任一颜色搭配都是对比配色。对比色犹如相互交战与竞争的两个团体，个性强烈，水火不容，特别是当色彩对比色之间的距离达到180°时的颜色称为互补色。直接对立在服装设计竞赛中最容易调和出视觉兴奋强烈的情绪，但若搭配不当，如相高纯度等面积对比，由于颜色间相互排斥，会让人产生一种俗艳感。使用对比色搭配时，可以通过以下方法缓和两

色之间的关系。

方法一：高纯度对比色相配色（互补色），调整对比色的面积，分散对比色的疏密形态。配色面积分配时加大其中一块面积，减少另一块对比色块面积，在配色面积上采用一大一小，色相对比越强烈，面积的大小对比越明显，通过面积调节对比强烈的尺度，以产生最兴奋愉悦的情绪为标准，这正是服装设计竞赛需要寻找到的最佳效果。如

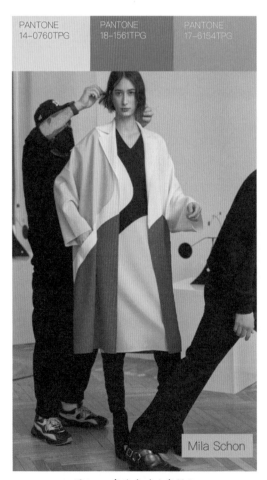

图 41　高纯度对比色搭配

图 41 所示，Mila Schon 红黄绿的纯度较高的组合，高纯度朱红和纯黄之间的大面积对比与融合带来一种热情、年轻的氛围。

方法二：用无彩色系或独立色来分离配色，分离配色大部分选用黑色、白色或灰色、金、银等，通过这些颜色可以分离对立的颜色，减缓冲突。分离色彩可以用直线、曲线、粗线、细线或者随意变化的粗细宽窄把对比色间隔开，也可以借助皮带、围巾、领带、花边、绳边等方法实现。至于在对比色之间加入什么样的中间色，需要通过思考比较，一般以哪种间色能让服装设计竞赛搭配效果更加新颖、愉悦、兴奋感作为选择的依据。

方法三：中纯度对比色相配色。两色中等纯度的对比中仅含有黑白两色，因色相中含有共同色，配色中已有调和因素，配色效果较容易产生既对比又和谐的局面，较容易收到理想的配色效果。在竞赛中还是要寻找更准确的纯度、明度对比色彩进行组合，以配色情绪高低决定选色的方案。

方法四：低纯度对比色相配色。任选低纯度的两色色彩感弱，由于其调和感强，用对比色（互补色）搭配更容易找到情绪、美度较高的组合搭配。无论使用哪种配色方法，在服装竞赛配色中找到配色情绪美度高的配色方法是服装设计竞赛配色最理想的选择。

第三节　服装设计竞赛中以纯度对比为侧重的配色

色彩的鲜艳程度称为纯度，在纯色中加入不等量的灰色，灰色越多色彩的纯度越低。反之，纯度越高，某一色彩加黑，降低了纯度，同时也降低了明度；纯度加白，降低了纯度，同时也升高了明度。以纯度对比为主、以色相与明度变化为辅的配色方法，主要有以下三种：

一、纯度差小的配色

强色和强色，即鲜明色与强烈色或纯度高的艳色和明度低的浓色搭配，能产生"重调子"的配色效果。这种配色色相环之间的距离不宜太远，注意稍微改变强色的明度，效果会好一些。高纯度色彩较为华丽，有黄、红、绿、紫、蓝，较适合运动服装设计竞赛选色。如图 42 所示，Louis Vuitton 2023 春夏运动装设计选用杏黄色，杏黄色本身是一种清爽、充满活力的橙明艳色调，是一款振奋情绪的疗愈色彩。大面积杏黄色与低纯度粉蜡色、小面积明艳调环礁蓝相搭配，充满青春活力感。此外，佩斯利紫色的加入以及冷暖的对比，打造出了新鲜而治愈的丰富色彩层次。同等中等强度色，即纯色调与明亮的色调或纯色调与灰暗色调的搭配，中纯度柔和、平稳，具有温和华丽感，在职业服装

图 42　纯度差小的明艳调配色

设计竞赛中经常用到。此种配色注意明度差的变化效果会好一些。

弱色和弱色，即淡色调和淡灰色调的搭配。低纯度色对比弱，不活泼，显得服装过于朴素、沉静，此种加大色相环之间的配色的距离反而效果更为理想。在服装设计竞赛选色时，纯度、明度差小的色彩搭配，加大色相环之间配色的距离反而显得面料高档，使服装显得更加高雅、大气、沉着，产生更高级的配色感觉。如图 43 所示，Dior 柔和玫瑰作为主色调，低纯度高明度的奶白绿与雨滴紫的加入，浅灰调柔和拼接设计带来平稳与大方的感受。

图 43　纯度差小的柔和浅灰调配色

二、纯度差中等的配色

在色彩搭配中强色与中强色，即鲜明色调和纯色调的搭配，具有较强的华丽感，但注意不要形成"强与强"的俗艳对比。在服装设计竞赛中用得较多的是纯色调和灰色调的搭配，这种中强色和弱色的配色方式，容易产生沉静时尚、层次清晰的都市感。如果是以冷色系为主调，可表现出庄重、端庄、冷艳；如果是以暖色系为主调，则表现出秋季柔和而丰富的颜色。配色时注意明暗对比会有更加雅致的效果。

三、纯度有效配色

强色和弱色，即鲜明色调和淡灰色调的搭配。这种配色在色相环之间距离较大，加之纯度差异较大，更容易配出新鲜、华丽、妖艳的情绪的服饰组合。

在服装设计竞赛中，服装配色侧重于哪种配色方式是一个综合思考的过程，色彩的明度、纯度、色相之间的平衡感也有重要影响。先通过色彩的联想选定主色，再根据主色与其他副色协调搭配进行整体考虑，筛选出副色的服装色彩组合。在色彩搭配时一定要有一个系列服装整体的色调协调呼应，每套衣服色彩之间围绕主色调协调搭配，这样颜色搭配讲究层次丰富且不显得杂乱无章。设计师可以利用服饰配件如鞋、帽、包进行色彩的呼应与强化。在评审竞赛服装时，色彩搭配除了流露出强烈流畅的视觉感以外，还需重视服装整体色彩层次是否有创新、是否有足够的视觉冲击力。增加一些带肌理的色彩配饰来丰富整体服装的色彩、肌理层次，强化系列服装的视觉冲击力非常有必要。

第六章

服装设计竞赛效果图绘制步骤

在绘制服装设计竞赛效果图之前，在参赛服装设计之前，需要围绕设计主题做充分的调研。调研本身就是一项创造性的研究活动。调研可以通过市场、网络两个途径展开。网络调研是一个非常有效的路径，可以通过搜索服装网站论坛，还可以利用搜索引擎寻找我们想要了解的信息。网络调研有两种方式：一种是从寻找面料入手，通过参观面料展和从面料商处寻找新面料，以及收集面料再造的创意，再从主题出发，进行深入研究；另一种是通过搜索设计主题相关的引擎展开设计前期调研，通过单方面调研后确定一个主题方向，这个主题方向可以通过一些图片、文字以及草图的形式来完成初步的面料、色彩、款式的确定。这里的草图主要是根据主题形式的感觉来设计一些款式细节和面料材质。结合服装设计竞赛的主题思想，

寻找一些与之相关的图片和文字来做初步的素材积累，先将这些都记录在自己的笔记本上，便于后期打开设计思路。

那么如何围绕服装设计竞赛主题拓展设计思路？首先在主题和灵感之间建立起清晰的路径，设计师选择出他要的设计元素并继续深入分析研究，思考服饰廓形与颜色。接着，将选择的设计元素参照以下五个问题进行思考：1. 研究的设计框架路径是什么？2. 设计灵感对设计主题是否表达准确？3. 选择何种设计风格来表达主题？ 4. 选择什么样的款式、面料、色彩和元素来表现？5. 用什么样的工艺流程、工艺手法完成成衣？通过对以上五个问题的思考，绘出服装设计初稿，然后经过大小、比例、颜色调整，达到烘托和诠释设计主题的目的。服装效果图的设计与绘画工作流程如下：

第一节　服装设计竞赛中的流行趋势提案设计

流行是指一个时期内社会或某一群体中广泛流传的生活方式，是一个时代的表达。即在一定的历史时期内，一定数量范围的人，受某种意识的驱使，以模仿为媒介而普遍采用某种生活行为、生活方式或观念意识时所形成的社会现象。对于服装流行趋势，需要根据多种影响因素综合分析，预先了解其发展方向。现阶段服装流行风格的持续以及未来一段时期的发展方向，称之为服装的流行趋势。它是在收集、挖掘、整理并综合大量国际流行动态信息的基础上，反馈并超前反映给市场，以引导生产和消费。服装流行趋势的内容主要包括色彩、面料、款式、配饰、妆容等。一般会根据国际流行色彩会议提前 24 个月，并通过讨论确定于 6 个月后公布色彩提案。流行色的研究与预测，不同地区、不同年龄、不同层次的消费者对流行色的需求各有不同。这时流行色趋势便开始与服装设计相结合并进行风格、款式和细节的推进。

设计师参赛前需要结合竞赛要求关注国内外服装流行趋势报告，不论流行预测机构多么权威，仅仅靠权威性的流行趋势信息进行服装竞赛设计还是不够的，设计师通过市场调研分析，筛选出流行色彩与面料、廓形和细节等方面信息。

一、竞赛流行趋势提案设计的步骤

在参赛前设计师需要从以下四个方面搜集流行趋势资料，根据每个大赛提出的流行趋势要求用图片文字提炼总结文案。

（一）灵感图的绘制

灵感图位于趋势预测提案的首要位置，一般是根据设计者的创新意图来寻找激发设计灵感的图片，可以由一张或多张图片组成。图片风格统一、形式多样，可以分为具象或抽象，如绘画作品、自然景观、人文景观、建筑、民族民俗等，小到微观世界，大到宇宙空间。如图 44 所示，扬州大学吴鹏鹏同学设计的江苏省第八届紫金文创设计大赛金奖作品《儒墨》，灵感源于中国传统文化中的"儒家"哲学思想与"水墨画"的精致美学审美相结合，运用多重设计语言取"道"于法，在理性概念中辅以柔和曲线，将传统元素进行有效的活化运用，打造出一种雅致、浪漫的现代中式服装风格。

（二）色彩趋势

色彩趋势提案是在灵感图的图片中提取所需要的色彩，分为主色、辅助色、亮色三组。如图 45 所示，扬州大学晋嘉隆同学设计的 2021 "千思玥"杯中国西南少儿时装设计大赛金奖作品《三星堆小玩家》，其色彩趋势范例所示，一般每组色彩有 3—5 种，

中国山水画传统博大而精深，山水画作是对自然景观的最终艺术概括，通过抑扬顿挫和运笔节奏使线条具有不同的形态、意趣和品质。将极具艺术性的山水画作以印花的方式呈现，提升产品的审美趣味、文化修养和艺术价值。使用立领、盘扣的细节体现中国风，通过面料的拼接体现新意，注重整体外部的廓形，使其依旧具有中式意味，露肩和泡泡袖的加入使其变化更加多样化，荷叶花边使款式更加精致，使款式更具看点也更具新意。

图44 第八届江苏省紫金文创设计大赛金奖作品《儒墨》灵感版

颜色上提取三星堆青铜器人面像的固有色"青色"与黄金面具"橙色"与流行色紫色相结合，青色富有魅力。橙色明亮快活洋溢活力，暖黄色调使人联想到灿烂、鲜活，寓意阳光友善，紫色神秘浪漫。

图45 2021"千思玥"杯中国西南少儿时装设计大赛金奖作品《三星堆小玩家》色彩趋势实例

同时每个色彩通常标注色潘通（PANTONE）国际色卡号。

（三）面料趋势

面料趋势是设计者根据设计理念和设计意图选择出一种或多种不同风格、不同质感的面料组合，可以通过图片或事物来展示。面料的组成一般可分为同色不同质感和不同色不同质感，如图 46 所示，扬州大学张佳妮同学设计的 2019 紫金奖·服装创意设计竞赛优秀奖作品《赤陶》中的面料趋势范例所示，同一色系不同质感面料因光泽、肌理的不同形成对比，注意了整体构图画面颜色的和谐性、图案与背景的呼应性。

（四）款式趋势

如图 47 扬州大学韩雅坤同学所设计的 2019 年"大连杯"国际青年服装设计大赛作品《追影子的人》款式趋势范例所示，根据设计者的设计定位，收集与其相符的前沿流行趋势中的成衣款式，最后通过图文并茂的形式展示出来。款式趋势一般多为单品和套装，后续还需服装款式结构图来补充说明。

图 46　2019 紫金奖·服装创意设计竞赛优秀奖作品《赤陶》面料趋势实例

图 47　2019年"大连杯"国际青年服装设计大赛作品《追影子的人》款式趋势实例

第二节　参赛服装效果图绘制方法及辅助工具选择

一、手绘是服装效果图的表现

　　服装效果图是表现设计师设计理念的最直观手段，手绘效果图能够更方便地捕捉某些瞬间灵感，将设计灵感直接绘制成草图，再经过调整完善成为设计图。参赛设计师对服装效果图和款式图的绘画技能越熟练，手绘服装效果图越能体现出服装的风格与绘画笔触的魅力。手绘设计图的绘制工具主要有笔、纸、画板、颜料、橡皮等工具。画笔的种类有很多种，如水彩笔、毛笔、彩铅、马克笔、油画棒、炭笔等。不同的笔可以表现不同的效果，并且它们的使用方法也不一样。如毛笔一般用于颜料平涂或渲染，马克笔则体现色彩的透明干净，两种颜色的重叠会产生复色。一般来说，更侧重于大效果的绘画，绘图速度快，整体画面的现代感强烈；油画棒则具有蜡性和油性，不容易与其他颜色融合，适合表现毛线和纱线等粗纤维织物的质感。纸的种类主要分为卡纸、水彩纸、素描纸、宣纸等。卡纸较为硬挺，吸水性较差，适合用水粉表现。卡纸又分为白卡、黑卡、色卡等。水彩纸的表面具有极为丰富的肌理效果，可以更好地表现服装的面料质感。素描纸特别适合用铅笔、彩铅和炭笔去表现设计图。宣纸作为国画的专业用纸，具有渲染效果，可根据设计风格的表现不同分为工笔画和写意画。常用的颜料主要有水溶笔、马克笔和水彩，有时候还会用到丙烯颜料。水彩颜料薄且透明，覆盖力差，所以上色不易太厚太干，适合表现轻薄的面料。丙烯颜料的表现效果介于水粉颜料和油画颜料之间。

二、电脑设计图及其应用

服装设计中常用的软件类工具有服装CAD、PS、CorelDRAW、Painter、AI 等。应用工具还包括手绘板、复印机、扫描仪、数码相机等。CAD 系统是服装设计数码类的主要使用工具，英文全称为"Computer Aided Design"，中文含义是计算机辅助设计。服装 CAD 就是计算机辅助服装设计，包括款式设计、出样、放码、排料等软件。从功能上可以划分为用于服装制版设计与服装款式设计。在使用 CAD 软件绘制服装效果图时，它的优势在于 CAD 软件储存了大量的款式图、纹样及图案数据库，便于服装设计师从库中通过选择或改造提高设计效率。PS 是目前市场中主流的绘图软件，可用于绘制服装效果图、服装图案设计、服装色彩设计绘图，如调节线的粗细、色调、阴影等，在上色和调色上该软件有很强的优势。对于初学者来说该软件是比较容易掌握的，在服装效果的表达上也会更直观、更立体，表现力丰富，逼真度高。但它不适合大量处理照片，建过多的图层，否则就会出现卡顿现象。Painter 是目前较完善的电脑美术绘画软件，它的功能与 PS 类似，但是画笔的功能更多一些。Painter 独创的多种纸纹肌理可以丰富画面视觉效果，与手绘板配合使用会更加有效快捷。Painter 已广泛用于服装设计效果图绘画中，它可以帮助设计师在表现服装效果图肌理时有更多的选择可能性以及更大的发挥创意的自由度。无论选用哪种软件绘图，电脑绘图通常的应用顺序是从手绘轮廓开始，具体步骤为：①先在白纸上手绘出轮廓图，再根据个人喜好描绘为线稿；②把线稿扫描进电脑；③在软件中打开线稿，清除白色部分，在之后的作图中，"线稿"图层要放在最上面。熟练使用电脑绘图是当代服装设计师必备的设计技能。如图48 扬州大学吴鹏鹏同学设计的第八届江苏省紫金文创设计大赛金奖作品《儒墨》服装效果图所示，是"线稿—填色—刻画—最终完善"等步骤的实例演示。

步骤一：线稿

步骤二：填色

步骤三：刻画

步骤四：完善

图48　第八届江苏省紫金文创设计大赛金奖作品《儒墨》服装效果图的步骤分解实例

第三节　服装设计竞赛效果图绘制

一、服装设计竞赛效果草图绘制

设计草图是用夸张手法对服装外形轮廓或体积进行的设计。例如绘制一件宽松的大衣，A形轮廓、在腰围处系有腰带，为了展现这套服装，有关的元素得到了加强，即对面料质感和衣服的合体性进行了适度的夸张，以突出它们的重要性。除了运用技法，设计草图还要侧重表现的是一套穿在修长的时装人体上、面料柔软的、飘逸的整体服装感觉，用粗细不同的线条表现外轮廓。

服装设计草图是在确认设计图之前的手稿图，根据设计立意、主题、设计师的情感表达，像速写一样，记录设计的过程和细节。

如图49所示第八届江苏省紫金文创设计大赛金奖作品《儒墨》服装设计草图实例过程，草图采用速写的绘画形式，把服装的款式、色彩、面料进行标注，也可通过着色直接表现出来。服装设计草图的表现手法一般可分为以下两种表现形式：

1.可以不拘泥于细节，通过奔放的线条、较强的主观性，把设计师的最初设计想法表现出来。这看似随性，其实表现出了设

图49　第八届江苏省紫金文创设计竞赛金奖作品《儒墨》服装设计草图

计者真实的设计情感，显得生动率性。

2.采用严谨的线条，把设计稿中的设计细节准确地表现出来。该种表现手法是在设计稿之前，挑选 2—3 张人体动态图 (正、背面)，图片接近真实人体的比例，有利于更准确地展示服装款式，在此人体动态图基础上绘制服装设计草图。在绘制服装设计草图之前可先复制若干个人体动态图，在参赛设计之初，通常会先绘制几十款服装设计草图，从中挑选出 5 款最理想款式来完善服装效果图。草图绘制不要用橡皮进行反复涂改，应保留原始笔触。服装设计草图最初用笔轻些较好，待确定后再加重，使主线和辅线分明。同时还要标注工艺手段、面料选用、色彩搭配、细部分解的文字说明。

二、服装设计竞赛效果图绘制

服装效果图 (Fashion llustration) 是以绘画为基础，通过使用丰富的艺术处理方法来表现服装款式设计造型和营造整体氛围的一种绘图形式。从艺术的角度出发，它注重绘图画面的美感设计，强调艺术性与审美价值。然而从服装设计的角度出发，服装效果图是参赛服装款式设计的主要的表现手段，其服装结构、款式造型、色彩搭配的细节需要清晰准确地表达，强调设计的原创性和时尚性。服装效果图是一种用来表达服装设计师设计思想、展现服装与人体各部位关系的示意图，旨在用图示表达设计师对服装色彩、材质、工艺、配件等整体款式效果。在参加服装设计大赛过程中，服装效果图是设计师体现创意最简捷、最有效的手段，是服装从设计构思到作品完成全过程中不可缺少的重要步骤，是服装制版、制作的图片资料依据，也是宣传、传播服装设计大赛信息的媒介和引导服装销售的手段。

服装效果图的表现方式较为多样，在明确表现设计意图的前提下，画面风格或写实、或夸张、或装饰，可根据服装设计款式需要而定，往往带有设计师强烈的个人风格。不过无论风格如何变化，它都需要将设计理念通过画面中的服装与人物传递出来。服装效果图的表现既要求设计师有一定的绘画能力、结构制作工艺和面辅料的基本知识，以及较强的创造性思维和对时尚的敏感性，还需要对人体的比例和形态、着装的基本动态姿势等方面有全面的认识和把握。如图 50 所示第八届江苏省紫金文创设计大赛金奖作品《儒墨》服装设计效果图，合理的人体比例与站姿，中国水墨山水画与流畅简约的服装外廓形巧妙的结合，浅灰色背景、人物地面渐变的水墨印记、中国传统篆刻文字说明，这些共同营造出服装整体的现代儒雅画面感。

参加服装设计比赛，首先服装设计效果图要脱颖而出。服装设计比赛一般先经过服

图 50 第八届江苏省紫金文创设计大赛金奖作品《儒墨》服装设计效果图

装设计效果图的初评环节选出入围选手进入服装制作环节。因此要想在服装设计竞赛中脱颖而出，无论是抽象风格还是写实风格的效果图，无论是通过手绘还是电脑绘图，只要服装设计款式表达清晰明确，服装设计创意新颖，画面整体美观度、艺术感强，就有更大的入围机会。服装效果图绘画能力表现力好的选手，在初评中入围的概率较大，设计师根据自身擅长的绘画方式绘出最适合自己的效果图尤为重要。

三、服装设计竞赛款式图绘制

一个完整的参赛服装设计图除了服装效果图以外，还要完善设计主题、服装款式图、工艺说明、面料小样、设计说明等资料。服装设计图分为单张构图和多张构图，单张构图为一张设计图（通常尺寸为 A3 大小），涵盖了所有款式的表现；多张设计图则是把多套服装打散，组合成为一个系列。在设计图的后一页通常会绘制服装款式结构图、设计构思及面料小样等，根据个人需求也可以做成多页，以作品集的形式装订成册，其中面料小样会成为设计中的点睛之笔，需要细心制作。

服装款式图是直接为服装成衣生产和制作服务的"图解说明书"。它是服装设计中的一个重要衔接环节，是在企业进行成衣生产制作时使用的，并作为样版师制作样版的标准和生产的科学依据而存在，因此它明显区别于富有艺术性的服装效果图。如图51所示第八届江苏省紫金文创设计大赛金奖作品《儒·墨》服装设计款式图实例，服装款式图中的服装基本采用正视图、背视图的形式，省略了人体，画面不必过多地渲染艺术表现气氛，尽可能做到写实、严谨，强调准确性和工整性，各部位的比例要精确，符合服装的实际尺寸规格，要求一丝不苟地将服装的款式特征用线描的形式表现出来，具体细节如外廓形、结构线、省道线、裁剪线、衣领造型、制作工艺特点、线

迹、选用面辅料等内容一概不省略，而服装中一些不必要的自然褶皱则可忽略不画。对于特殊的工艺造型部位要用局部放大图予以注解，对面料及辅料的要求需进行说明，或者直接附加实际布料小样和色卡进行标识。

服装款式图均用没有粗细变化的黑色单线来

图51　第八届江苏省紫金文创设计竞赛金奖作品《儒·墨》服装设计款式图

勾勒。所绘的款式要求为平展状态，线条要流畅、整洁。需要注意的是，服装外轮廓线、主要结构分割的用线都要比其他线略粗。画面一般不上色，但是为了更清楚地说明款式特点，如需要可填上色彩，或者添加衣服内的褶皱，或画出图案和面料质地等。

款式图的绘制是服装设计过程中的重要组成部分，是不可或缺的。设计图可以根据设计师的个人修养和喜爱去注重表现，而款式图的要求则相反，款式图相当于缝制衣服的工艺制作，要求十分严谨，大到板型的比例关系，小到一针一线。款式图是设计的基础，就像建筑中的结构图，体现服装作品的合理性和可实现性。服装的款式结构图设计，要与设计、主题、灵感充分地结合起来，体现出设计师对设计款式和设计背景的创意，表达出设计理念。在制作成衣的过程中要参照详细的服装款式结构图来完成，设计图或款式图如果表达不完整，制版师无法从这两种图中理解设计者想表达的设计理念和服装款式，因此完整的服装款式结构图是十分重要的，需要配以正反面款式图、面料小样、里布小样、辅料、详细的工艺说明、配色、面料组合、结构说明等内容。设计师要立体地思考具体款式，比如设计元素的应用、线条的衔接等。只有完整的服装款式图才可以充分体现设计者的设计水平和成衣制作的可实现性。因此，服装款式结构图是服装款式

设计创新中至关重要的环节。

（一）款式图的绘制要求

（1）线条：圆顺、平滑，富有弹性。线条的运笔要有力度，圆滑流畅，不能有重复的线迹，用笔轻重要统一。

（2）比例：服装款式图要符合人体的结构比例，如肩宽和衣长、袖长之间的比例等。

（3）文字说明：设计稿需更详细、准确，款式图要标明工艺程序、尺寸规格、材料制定、型号的标注、装饰明线的距离、唛头及线号的选用等内容。

（4）造型：廓形明确，内外结构合理、协调，比例准确。

（5）细节：领形、袖形、衣片及服装零部件的设计元素要表现细致。

（6）方法：绘制方法分为电脑、手绘、电脑加手绘等，手绘款式图要有一个基本模板，如西服需分为正背面，强调表现的完整性。

（7）透视：要处理好正背面领子、下摆（衣片、裙片、裤片）、袖口等的透视关系。

（二）款式图的绘制方法

绘制款式图常使用的尺子有直尺、皮尺、角尺、六字尺、曲线尺、量角器等，宜使用有机玻璃制作的尺子，因为有机玻璃尺透明，在制图时线不会被遮挡，且刻度清楚、伸缩率小、准确率高。铅笔一般使用

2H、HB、2B 铅笔，要求画线细致清晰，不可以使用水笔、钢笔、圆珠笔制图。

（1）平面展开款式图表现法

平面展开款式图是服装设计常用的一种表现手法，结构严谨、表达清晰明了，如服装的正背面、外轮廓造型线、内结构线与分割线、设计元素等细节都要表达得很清楚。有时特殊设计也要有侧面或局部细节分解图与放大图。如图52所示，扬州大学杨灵慧同学设计的第二十二届真皮标志杯中国国际皮革裘皮时装设计大赛新锐奖作品《融》的款式图，局部细节用文字补充说明后使设计细节更加清晰。

（2）立体展开款式图表现法

在款式图表现手法中，大多数以绘制线稿平面展开款式图为主，而立体展开款式图可以采用素描的方法来表现立体造型，也可以采用着色的表现手法，这样能够充分刻画服装的细节特征，同时可以针对服装的衣纹、明暗关系、设计元素等加以渲染，更能表现出服装的面料搭配与质感特征，将服装的穿着动态、衣着搭配与风格特征明确地表现出来。衣纹是由于人体的结构和人体运动而产生，如肋下、肘部、腰膝、裤脚、袖

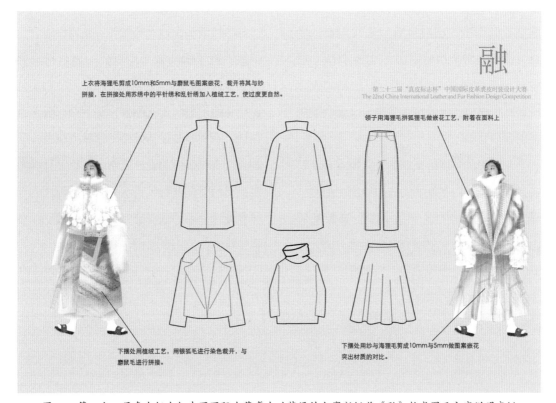

图52　第二十二届真皮标志杯中国国际皮革裘皮时装设计大赛新锐奖《融》款式图及文字说明实例

口、衣服下摆等地方的褶纹，不但纹路多，而且还会有规律地反复出现。掌握了它们的规律后，不管如何变化都可以准确地将它们画出来，这些衣纹能够完美地展现出服装的质感和肢体的动态。

四、服装设计竞赛版面设计

排版是在预设的画面空间里，将设计主题、服装设计图、服装流行趋势提案、设计说明和面料小样等内容根据服装设计竞赛要求整合组合排列，运用形式美原则及造型要素，把设计理念和设计方案排版表达出来。服装设计图的排版分为竖向和横向。服装设计图的"横向排版"是我们在服装设计图创作中常用的手法。"竖向排版"通常被用于做多页的设计图，好的版式设计既能体现出设计师的审美品位，又能唤起观众的强烈共鸣。

从审美的角度讲，服装效果图本身就是一件艺术品，一张好的图片在版面中能起到画龙点睛的作用。它具有直观、形象的特点，较之单调的文字稿要有趣得多。图片在表现动态和使版面变得多样、生动方面起着十分重要的作用，特别是辅助性图片的装饰美化作用不容置疑。如图53所示设计师王智娴设计的"汉帛奖"第二十一届中国国际青年设计师时装作品竞赛金奖作品《无界》，其效果图与设计过程图排版，整个版面排版主次关系分明、重点突出，使读者面对这个版面的时候，一眼就能辨认出画面所要表达的重点。这样的版面充满个性，版面设计通常使用CorelDRAW、PageMaker、Adobe InDesign、FreeHand等软件来完成。版面设计如具有创新性和艺术性，则会增强服装设计竞赛中的入选竞争力。

参加服装设计大赛需要提交的整体设计资料，除了服装效果图以外，还包括灵感版、面料趋势图、服装廓形趋势图、服装色彩趋势图、服装款式图等，每一项都需单独设计。不同服装设计效果图绘画风格直接影响后续资料画面的设计风格。如果设计师参赛提交的整体资料风格统一，会增加评委对参赛设计作品的认同感，因此保证提交的参赛资料整体绘图风格统一是很重要的。

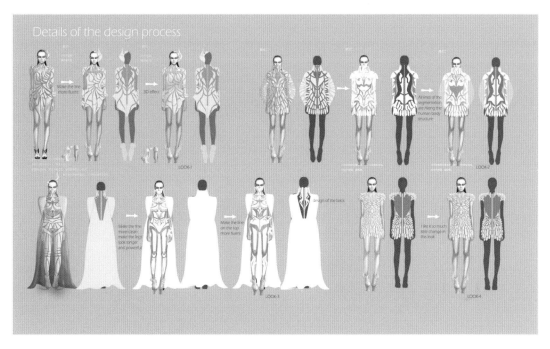

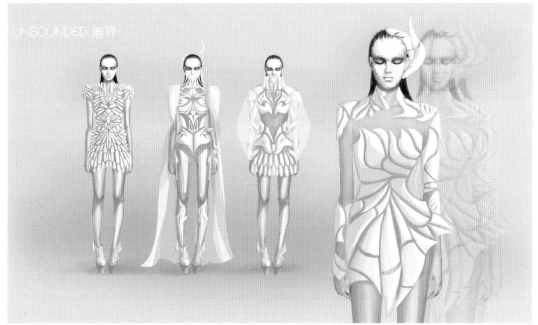

图53 "汉帛奖"第二十一届中国国际青年设计师时装作品竞赛金奖作品《无界》版面设计

第七章
不同类型服装设计竞赛中的设计实践

第一节 针织服装设计竞赛设计实践案例

针织服装设计专项竞赛通常是强调面料专业性，强调针织面料占设计大部分使用面料。如第十八届（大朗）毛织服装设计竞赛，主题《穿梭》诠释为：忙碌、紧张的城市生活每天让人透不过气，悠闲自在，回归自然，成为城市人向往的生活方式。休闲、简约的设计理念带来轻松写意的休闲服饰，使人洒脱地游走于城市之间。该届"大朗杯"设计大赛设计方向明确，紧贴市场。体现服装流行趋势的休闲服饰，在创意设计的同时，围绕市场化、商业化进行设计。从竞赛强调设计方向可以看出，这是一个侧重纯商业实用型服装设计的竞赛。

由于针织面料具有弹性好、透气性好、尺寸稳定性差的面料特性，针织服装具有良好的弹性和不稳定的变形性。除了针织布做成的服装外，很多针织的服装几乎没有内部分割线，更没有省道，而且衣片内部尽量不裁剪成片。针织面料使用的原料种类广泛、花型生动丰富、品种繁多，内在性能又极具特色。对针织服装轮廓造型、缝制修饰、装饰工艺等方面进行设计时，兼顾针织面料的特性与易脱散性的不足，廓形尽量设计得简洁大方，减少内部分割裁片，在纱线性能、针织结构组织、肌理、颜色等方面加大研发力度，结合新材料，通过计算机提花辅助设计的技术，不断研发各种特殊花型图案、颜色肌理面料来弥补廓形简单的不足，如花式纱线针织物、金银丝和五彩丝线交织的针织物、花色拉绒针织物、经编粗针毛绒珠片针织物等大、小提花针织物，这些产品都是尽量利用针织面料自身的面料组织设计产生不同肌理效果，形成不同风格的针织服装，在针织服装设计竞赛中常用的针织服装设计方法有以下几种：

一、面料的自身组合设计

（一）织纹肌理变化

针织服装设计可以通过织纹变化不断变化服装款式，随着织造工艺的不断进步，织纹的变化不断突破传统工艺的束缚，有了更加丰富的织纹变化外观。通过针织组织结构变化，经过特殊的后整理加工或在服装表面进行附加装饰，增强织物表面形成特殊肌理效果，这种面料设计手法既可以表现外观简约的针织服装设计理念，也可以凸显繁复的肌理变化，烘托针织服装的特色与个性。如现在十分流行的各种镂空织纹，使针织服装有了轻盈、透明的观感，看上去相当柔美。针织服装设计可以利用针织物织法变换变化款式，同一外形不同织纹组合方式不同，形成不同风格的针织服装，同时织纹的组合变化与合理配置也可以增加针织服装的装饰性和整体美。

（二）色彩变化

色彩是针织服装中最基本也是最重要的设计因素，针织面料的色彩与织物的纱线、组织结构、花型图案都有着必要的关联。如通过采用花式纱线可以使针织服装的色彩表现力愈加丰富、随机。纺纱时加入金银丝可产生奢华的效果；渐变色纱和段染纱线可以打造不规则的随机云斑效果。如在平纹的针织面料中夹杂不同的颜色，采用色块交织分割、晕染、绞染及串拼等方法打破平纹织物的单调感。运用高明度色彩可使服装显得活泼、明快；选取低明度色彩可显得沉静、个性。在了解针织面料性能特征的前提下，把纱线色彩的装饰性设计功能发挥到极致，使得针织服装设计风格更加多样化。

（三）不同针法肌理组合

在针织服装设计比赛中，经常将不同纹路和肌理重新排列组合，形成情趣各异的图案和质地。不同的针法呈现截然不同的面料风格，比如款式完全相同的针织服装，如果用机织单面平针，就会给人以典雅精致的感觉，但是如果用手工编结出双面凹凸花纹，再经过花纹疏密、大小的穿插变化，则会给人或严谨、或活泼、或粗犷等风格迥异的感觉。在服装设计竞赛中运用不同的针法，经过多种搭配组合和变化，可以加强针织服装的变化层次，赋予针织服装丰富的时尚感。

二、面料镶拼设计

镶拼是针织服装设计竞赛中创新效果强烈的一种设计方法。由于针织面料的性能特点而造成针织服装结构造型上的单调性，所以针织服装经常采用镶拼的手法来加强服装竞赛设计的视觉冲击力与艺术性。镶拼可以发挥不同面料的性能特点，通过不同色彩不

图54　针织同质面料镶拼

同花样的不同质感面料搭配弥补其在廓形设计上的单调感。常在针织服装竞赛中运用的面料镶拼设计方法有：

（一）同质面料镶拼

是指针织面料之间的拼接组合。通过将品种、色彩相同但是针法、织纹不同的面料进行镶拼，追求服装面料的不同质感和肌理的对比、变化；将品种和色彩都不相同的针织面料进行镶拼，找到视觉更加丰富明快的组合拼接；同时注重设计块面的变化，思考如何将多种不同元素组合时的协调和对比的最佳方案。如图54所示，用不同的针织物扭结、填充再镶拼后打造出视觉冲击力强烈的肌理效果。

（二）异质面料镶拼

在服装设计竞赛中将针织面料与其他种类的面料进行镶拼，如与皮革、毛皮或梭织面料镶拼，是最常用且极具装饰对比效果的一种设计方法。针织面料与梭织面料或皮革等镶拼，由于汇集不同材质产生不同颜色、光泽、肌理、质感的对比，特别适合在服装设计竞赛选材时产生新鲜、优雅、个性强烈的引领时尚潮流的效果。

三、针织服装的装饰设计

由于针织面料易脱散的特殊性，在针织服装设计时不宜采用复杂的分割线和过多的缉缝线。为消除造型中的单调感，通常利用装饰手段来弥补，通过在衣领、袖口及下摆上点缀飘带或抽结，在腰部加上腰带或在服装上适当加缀装饰纽扣和佩戴胸针、胸花、项链、贴花、补花、织花、绣花、珠绣、缎绣等装饰工艺，增加针织服装设计的颜色、肌理、光泽的层次感。

针织服装设计中有一种装饰工艺称无虚线提花，这种装饰工艺其成品重量轻，花型自然柔美，常常用于一些高档或轻薄的针织服装；由于花型颜色、造型均可以随人体需求再设计，这种工艺图案纹样丰满，色彩变化丰富，有一定的图案纹样的设计。通过针织面料的后处理等特殊的工艺处理，根据服装设计竞赛选定的设计基调，如想表达古朴、粗犷美的效果，可以对针织线毛衫进行磨砂做旧处理，也可以点缀一些绒球以及装饰云片或各种的珠片、钻饰，强调针织服装的华丽层次感、凹凸肌理强烈的造型感。

四、针织服装竞赛设计主题灵感及表达

针织服装设计竞赛是一种充满挑战性、创造性的艺术工作，每个设计从设计构思到作品完成，都是经过设计者不断思考的创作过程。设计灵感是作品的灵魂，可以从生活的方方面面来汲取设计的创作来源，再用平面或立体的表达方式构想出来的设计进行可视化、直观的展现。设计师对新事物的孜孜不倦的思考是设计创新的动力。设计师首先要求是一个生活家，对新事物与时尚风潮要敏感、敏锐。针织服装设计竞赛的设计构思方法有很多，传统艺术、民间艺术、现代工业的发展成果等都可为针织服装设计创新提供有益的启示。但是无论用哪种设计、工艺去表现，服装设计竞赛作品还是着眼于突破传统，从造型、颜色、肌理上整体协调地体现服装系列性与新美感是前提。

针织服装设计竞赛的灵感来源于生活，如果设计者没有更多的生活体验，设计作品仅是生搬设计原理，是很难找到打动他人的创新设计作品的。设计师需要围绕主题去捕捉针织服装设计灵感。灵感是稍纵即逝的偶发性思维，也许只是灵光一现，瞬间消失。它往往是设计师对某个视觉、思想问题的思考与联想，不断积累设计体验，随时用设计思维联系生活中所遇到的所有美好的人、事及景象，通过联想后迸发出的设计灵感。支撑针织服装设计竞赛的灵感来源主要有以下几个方面：

1. 设计师可以通过聆听音乐产生联想，从音乐节奏与旋律中找到激情，结合所见景象从中汲取设计灵感展开设计。

2. 设计师可以从建筑的造型、结构中发挥联想汲取灵感设计。

3. 设计师从各种生物系统所具有的功能原理和作用机理中为针织服装设计打开了另一片全新的造型颜色灵感。服装设计师可从生物形态中开拓思路，找到针织服装设计的灵感。

4. 设计师可以从各种不同的绘画流派找到无穷的设计灵感。比如从抽象艺术中找灵感，通过浮雕肌理变化或拼贴手段来实现。设计师常使用色彩鲜艳、反光的塑料制品、涂层面料、人造皮革等与针织面料镶拼接，形成既有艺术感又有现代感的服装作品。

五、针织服装的设计原则

由于针织面料制作工艺的独特性，针织服装在设计制作时要综合考虑面料的制作工艺特点。款式设计时，应注意其柔软性、伸

缩性、定型性、易变性等特点；款式上应力求简洁流畅，内部结构尽量避免过多的分割线和省道线；色彩搭配上可根据服装款式具体风格，保持服装的整体性；如果在针织服装设计大赛中灵活运用绣花或印花相结合的技艺组合搭配，既能增加服装的肌理层次，又能与服装整体风格保持一致。

六、针织服装设计竞赛案例分析

目前，国内的针织竞赛主要有"濮院杯"PH Value 中国针织设计师竞赛、中国（大朗）毛织服装设计竞赛、"海阳毛衫杯"针织服装创意设计竞赛、针织新锐设计师竞赛、"华翔杯"针织服装设计专项赛等。以下是服装设计竞赛针织类设计作品案例分析。

实践案例一：第四届"濮院杯"PH Value 中国针织设计师竞赛参赛作品。本届竞赛主题为"新新不停，生生相续"。作品要求有：

1. 自主命题，契合竞赛主题，贴近市场并富有设计创新，鼓励作者以多种类型的纱线复合进行设计制作。

2. 原创设计，禁止一稿多投，不得侵犯他人知识产权。

图 55　第四届"濮院杯"中国针织设计师大赛优秀奖作品《Coloured stones》灵感版

3. 设计系列针织时装（男女装不限，每系列 4 套，男女装不可混搭，不含童装，钩编服装不列入参赛范围；横机针织面料可以与其他面料拼接，但不能少于 80%），一个作品作者限 1 到 2 人。

4. 初赛作品效果图为 JPG 格式电子稿，所有作品应在一张图片内，图片中不得出现作者姓名及单位，作品像素不低于 2500×1500（横向），分辨率 300dpi，画稿文件名为作品名称。需同时附录款式图、工艺说明、组织结构说明。

5. 服饰配套齐全，制作精细，形式完美。

6. 决赛制作成衣规格为：女，175/84Y；男，185/96Y。

注：决赛作品将进行成衣制作，主办方将提供针织部分必要的技术支持，如果作品为需要搭配的单件针织作品，设计师需自行解决整套走秀作品的搭配问题（如作品为针织上衣，设计师需自行搭配下装）。

图 56　第四届"濮院杯"中国针织设计师大赛优秀奖作品《Coloured stones》效果图实例

案例展示一：第四届"濮院杯"PH Value 中国针织设计师竞赛优秀奖；作品名称：《Coloured stones》；作者：杨朋；学校：扬州大学。

1. 灵感版

如图 55—56 所示此系列以《Coloured stones》（译为《彩色的石头》）为灵感。设计师相信每个事物都有美好的一面，即使是渺小的石子也能堆积成山脉。设计者在此设计中主要运用针织面料，包括芝麻点、漏点以及毛线圈等几种不同的组织来描绘呈现山脉高低起伏的走势；兔毛、羊毛以及金银丝的结合来体现山脉的不同表面肌理；除此之外，每款图案的分布也有不同的设计和变化形态，在内搭上也有做不同组织、不同纱线的结合。如前所及的设计点中又与独特的服装结构相结合，相得益彰。这个系列的颜色设计都是柔和中性淡雅之色，设计者希望能给人带来舒适自然的感受。

2. 工艺细节图（如图 57 所示）

1. 红色：羊毛、象牙白、芝麻点 金丝
2. 蓝色：兔毛、米白、漏点
3. 粉色：兔毛、米白、芝麻点、金丝
4. 黑色：羊毛、象牙白、漏点

图 57　第四届"濮院杯"中国针织设计师大赛优秀奖作品《Coloured stones》工艺细节图实例

3. 成衣现场展示（如图 58 所示）

图 58 第四届"濮院杯"中国针织设计师大赛优秀奖作品《Coloured stones》成衣展示图实例

实践案例二：2019 紫金奖·服装创意设计竞赛参赛作品。

主题方向：衣尚自然，参赛作品要求注重题材选择、面料取材、色彩搭配，以实用性与艺术性为基调，将传统文化设计增添更加现代的表达。鼓励面向校服、工装等应用类服饰进行创意设计。

参赛要求：

1. 在作品品类方面，参赛作品范围涵盖所有服饰，鼓励面向校服、工装等应用类服饰进行创意设计。

2. 在作品材质方面，鼓励使用自然、环保、可再生材料，通过设计提高产品的附加值。强调创意设计，作品要求以实用性与艺术性为基调。

3. 在作品工艺方面，讲究材质和技法的融合，紧扣时尚，将新工艺运用到作品创作中。

4. 在作品设计方面，注重色彩的搭配及自然间万物的取意。

5. 参赛作品须符合竞赛主题，提交的作品必须成系列设计，每系列 4—6 套（为一组作品）；设计灵感阐述应主题明确；男女装不限；作品要求制作精细、结构完整、配饰齐全、准备充分、表现形式完美。

6. 参赛作品须注重服装、服饰类衍生品的开发和设计，在服饰、装饰和首饰三个类别中做设计的延展。

成果要求：

1. 所有参赛作品须按要求以电子文档格式通过竞赛官网上传提交。参赛者应仔细填写参赛作品报名表，错填或未填写联系方式导致无法联络的，责任由参赛者自行承担。

2. 服装系列作品提交的图片数量不超过 8 张。其中，1 张图片要求呈现该系列全部作品，其余图片由作者自主选择部分或全部单件作品上传，图片要求多角度、有参照物、尽可能体现作品原貌。一组作品只能报送一个系列，不同系列作品按多组作品分别报送。要求绘制效果图、结构图及说明使用面料（利用环保、新技术面料请特别注明），附不少于 200 字的设计说明（包括设计灵感、设计构思、风格、流行要素等）。

3. 电子文件统一为 JPG 格式，300dpi，A3 纸尺寸大小，单张图片大小不超过 20M。

4. 参赛者在收到终评入围通知书后，应根据组委会要求进一步提交参赛作品资料。

5. 入围作品需寄送实物作品至指定地点，外包装箱要求坚固，便于搬运，贴统一标签（作品登记表）。邮寄地址：江苏省南京市建邺区扬子江大道 230 号紫金文创园（服装组）。

案例展示二：2019 紫金奖服装创意设计竞赛优秀奖；作品名称：赤陶；作者：张佳妮；学校：扬州大学。

如下图 59—65 范例所示，参赛资料包括服装效果图、灵感版、面料版、颜色版、服装款式图、服装工艺图。

第二节　皮毛服装设计竞赛设计实践案例分析

皮毛作为人类服装史上不可或缺的一部分，在服装设计中非常重要。皮毛从最初的基本功能演变成现代服装中的点睛装饰和材料，在服装工艺上经过了数世纪的进步才得以实现的。现代的科学技术赋予了皮毛面料更多的颜色与造型，让皮毛成为时装面料中最独特的存在。时下的服装设计流行趋势会影响竞赛中皮草设计的方向，与此同时，竞赛中的设计理念的变化和应用的变化也会让皮草服装设计获得新的流行元素。通过竞赛视角来分析皮草服装的变化趋势，了解竞赛作品与成衣化皮草服装设计之间的影响关系，剖析竞赛设计视角下的皮草服装设计对行业发展的帮助，最终探索皮草竞赛与皮草

图 59　2019 紫金奖服装创意设计大赛优秀奖作品《赤陶》效果图实例

图 60　2019 紫金奖服装创意设计大赛优秀奖作品《赤陶》灵感版图实例

图 61　2019 紫金奖服装创意设计大赛优秀奖作品《赤陶》面料版实例

图 62　2019 紫金奖服装创意设计大赛优秀奖作品《赤陶》颜色版实例

图 63　2019 紫金奖服装创意设计大赛优秀奖作品《赤陶》款式图实例

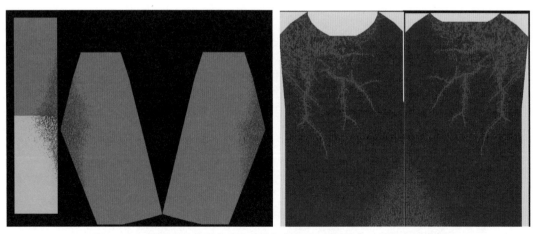

图 64　2019 紫金奖服装创意设计大赛优秀奖作品《赤陶》工艺排版图实例

图 65　2019 紫金奖服装创意设计大赛优秀奖作品《赤陶》成衣展示图实例

服装设计的发展方向。

一、竞赛中皮毛的特性

（一）小细毛皮

小细毛皮针毛稠密，直，较细短，毛绒丰足、平齐、灵活、色泽光润、弹性好，多带有鲜艳而漂亮的颜色；皮板薄韧，张幅较小，制裘价值较高。小细毛皮尾毛长而坚挺，弹性好，是制作高档裘皮大衣、皮领、披肩、围脖、皮帽的原料。主要包括水貂皮、紫豹皮、元皮（黄鼠狼）、扫雪皮、艾虎皮、水獭皮、灰鼠皮等。

（二）大细毛皮

大细毛皮是一种长毛、价值较高的毛皮，如狐狸皮等。狐狸毛皮因生长地区不同，有各种品种，如红狐狸、白狐狸、灰狐狸、银狐狸等，其质量有差异。一般北方产的狐狸皮品质较好，毛细绒足，皮板厚软，拉力强。狐皮的毛色光亮艳丽，属高级毛皮。多用于女用披肩、围巾、外套、斗篷等。

（三）粗毛皮

粗毛皮主要指各种羊皮，其毛被花弯绉

絮多样，无针毛，整体为绒毛，色泽光润，皮板绵软耐用，为较珍贵的毛皮。一般用于外套、袖笼、衣领等。

（四）杂毛皮

杂毛皮中最常用的是兔皮（北方兔、力克斯兔、安哥拉兔）和小猫皮。适合做服装配饰，价格较低。

二、竞赛中皮毛服装设计理念的变化

皮草的华丽风格一直是它的主打方向，但在近年来百花齐放风格的主导下，新人们的创意层出不穷。竞赛让这些新的设计师的创意理念可以展现在人们面前，同时也带来新的皮草设计新风尚。

（一）皮草设计的混搭化

在以往的概念中，皮草就是冬装的代表，是厚重的、奢华的。但在竞赛的设计者手中却是玩转时尚的道具。

单纯的夹克、皮草大衣已让人感觉乏味，他们摒弃传统的设计理念，往日的贵族气息变成了时尚的朋克风格，让散发摇滚的金属色融合在神秘而高贵的黑色皮草中，使铆钉成为皮草上的一大亮点。而往口的廉价材料也被新设计师们一一拾来，大胆地用在昂贵的皮草中。貂皮与漆皮的混搭，毛线与毛皮的融合，颠覆皮草以往的奢华风格，让廉价也变得时尚。

（二）皮草设计的功能化

随着人们着装观念的变化，轻、薄、多种穿法、多样变化成为人们对服装新的追求目标，皮草服装更甚。在这样的流行风尚下，竞赛的T台上各种功能化的设计让皮草的着装观念有了新的变化趋势。

小面积的皮草点缀为参赛者们所喜爱，他们喜欢利用皮草在服装的大面积空间内凸显肌理效果。将水貂、狐狸等皮草，以不同大小、不同形状、不同的排列方式，小块面、散点状地在服装上进行拼贴、缝缀、编结等，以达到不同的视觉效果，往往设计出的服装轻松活泼、灵气动感。

毛革两面穿的灵感来源于北欧世家设计中心推出的狐皮堆砌工艺，最初只是将小块的皮草按一定的顺序用平针车缝缀于布料或皮革表面，而这些缝缀的线迹同时在布料或皮草背面形成有规则的图案肌理，形成两面穿的效果。新的毛革两用服装被参赛选手们给予了新的诠释，他们不再拘于纹理的处理，而是更注重立体的毛皮效果，让服装的变化更多、更丰富。

三、竞赛中皮草材料的应用

皮草是人类用来制作衣服和装饰身体的第一种材料。皮草材料在过去只是单一地被使用，而如今各种创新的应用逐渐问世。作为创意集中舞台的竞赛，是灵感得以实现的地方，在这个舞台上，皮草材料的使用更是变得年轻化、时尚化。

（一）特殊的皮草拼贴方式

皮草的拼贴技术早在 20 世纪 80 年代就开始运用了。传统的拼贴只用于不同毛皮间的拼贴，形成的纹理和花色也有一定的局限性。近几年的竞赛作品为了表现创意，出现别出心裁的拼贴方式。

有浪漫唯美的拼贴方式。将皮草与蕾丝面料拼贴，让厚重与轻薄结合，形成矛盾的美感，设计出来的服装飘逸飞扬又不失柔美，有一种虚实掩映的效果。

有时尚意趣的拼贴效果。将皮草与针织物拼贴，这是近几年竞赛作品常见的拼贴手法。这种拼贴形式让贴体的针织材料与蓬松轻厚的皮草材料有一个强烈对比，形成视觉上的碰撞。

有随意休闲的拼贴手法。将皮草与牛仔织物拼贴组合。牛仔织物有着一种桀骜不羁的豪放风格，是年轻设计师的宠爱。皮草的端庄与牛仔的不羁结合在一起，让设计作品充满休闲的气息，更年轻化。

（二）裘皮编织

裘皮的编织工艺最早始于 2002 年。开始只是简单的编制方法，将剪成条状的裘皮用编制的方法做出毛衣上的纹路，最常见的就是大麻花的纹路。这种手法在竞赛中越来越常见，它突出强调工艺性与时尚性，有很

强的视觉效果。而现在的手法也不再局限于简单的编织，表现在不同的色彩结合，不同的风格结合，长短毛的结合，如：黑白色间隔搭配形成时装中的斜纹呢效果，用貂绒和水貂搭配形成高低毛的强烈对比。

（三）皮草的 3D 效果

皮草的 3D 效果是服装材料由平面向立体方向发展的一个表现，最初灵感来源于自然界与建筑形态，类似浮雕的模样让表面形成一个个的凸起图案，就像是海滩边被海水冲刷的浑圆的岩石一般，高低错落、起伏连绵。在竞赛中，参赛者为达到这些效果，采取各种方式，如砌砖工艺、泡状手法、浮雕工艺等。

四、毛皮服装的制版要点

在进行皮草制版的过程中，需要考虑皮草服饰的面向群体、应用时间等各方面的因素，并根据各地不同的特点进行样版的优化。

（一）肩宽设计

皮草服饰与其他服饰在使用的过程中存在较大的差异，其在实际穿着的过程中会在视觉上提升人的肩宽。故而，在进行皮草制版的过程中，为保证服饰的整体美观效果，尽量不对皮草的肩宽进行拓宽。相反，在多数情况下，需要缩短其肩宽。

（二）袖长设计

皮草的袖长设计方式主要有两种，第一

种是为满足人们保暖的需求，在进行设计的过程中，多将袖长拉伸至虎口的位置，但这种方式在使用的过程中易造成毛皮的磨损，影响人们活动的灵活性。第二种袖长设计主要是七分袖以及九分袖，这在使用的过程中能够规避长袖所带来的不足，也是现阶段皮草袖长设计的主要方式。

（三）胸围设计

皮草基本是在冬季使用，为保证其能满足人们的实际需求，在进行设计制版的过程中需要放松胸部的尺寸，以满足人们冬季穿衣的需求。

（四）领围设计

皮草在使用的过程中，其毛峰较长，若是领围设计较小，则会在较大程度上影响人们穿着的舒适度。故在进行制版的过程中，需要适当地放松领围。

五、皮毛服装设计竞赛案例分析

目前，国内的裘皮竞赛主要有"真皮标志杯"中国国际皮革裘皮时装设计竞赛、"裘都杯"中国裘皮服装服饰创意设计竞赛等。

（一）第二十四届（2021）"真皮标志杯"中国国际皮革裘皮时装设计竞赛

设计主题：迁徙。

设计建议：

1. "迁徙"之漫长的告白

社会动荡驱动消费者消费习惯的转变，

必需品经济带来了简约耐久产品的持续火热。在"创伤后压力设计"的需求时代，消费者更关注心理情感带来积极治愈的设计，自由主义的放任自流被节制实用的克制所取代，促成本主题迎合消费者的设计变化。在全球新冠肺炎疫情的影响下，21/22秋冬少即是多的安心居家生活已成为必然，模块化的四季皆宜设计将迎合舒适消费观，家将成为存在主义者自我修复的避风港。艺术家用简约纯粹之美平衡安全心理，必需品的跨季层搭消费理念已成基本诉求，利于打造历久弥新的贴心品牌。

色彩方向：

体现纯粹之美生活方式的设计将更加突出存在主义，色系追求低调本质之美。注重自然光线下家饰的色彩变化，温暖色调下不同程度的香草奶油、杏仁圣代和扇贝壳色，更接近家饰天然材质的本源之美，用邻近色系过渡保持视觉上的柔和干净，不受拘束的高古灵气衬托陋室不陋。艺术、居家空间和时尚艺术相结合，提取视觉强烈又稳重耐久的孟买褐、情绪靛蓝，以中性色调述说本色美学，舒缓而健康的幸福修身气息油然而生。椰奶白节制美感，平衡办公居家生活，安全感色系生出一场人与家之间互相倾诉的告白。

材料方向：

随着简约必备品成为环境与健康有限考虑的因素，由高级天然皮革、皮草面料提供极具温暖舒适的手感，有助于舒缓因气候危机与政治动荡造成的焦虑情绪，打造持久耐穿的亲切吸引力。

细节方向：

探索打造修补造型的新途径。破损和补丁外观可以引起那些在意延长珍贵单品使用寿命消费者的共鸣。随着极简主义在市场上的持续渗透，设计细节的朴实感将逐渐降低，原生居家斑驳失修风格引起服装边缘的细腻变化，毛边结构、斑驳纹理的独特风格打造节制下的时尚皮装、必需风衣、通勤便西等单品设计。服装表面的织补和线缝等修补技法，崇尚不完美格调下的精致耐久设计。

2. "迁徙"之时间折叠

据数据显示，亚洲未来半世纪中产阶级将由 6 亿增加至 13 亿，庞大的中产成为中高端消费的主力军。伴随着中产的崛起，亚洲中产女性因现实生活而产生的焦虑情绪也在困扰着她们的生活。因此悦己经济在中高端消费中不断上升，能够满足多巴胺刺激的产品也将更受青睐。她们从物质价值的追求转变到寻求产品背后的情感价值，寻觅经典、中古收藏，仿佛时间折叠，在时代错位下重现经典背后的情感故事。保持不老心态，忽略数字年龄，年龄平等的观念逐渐深入人心，给服饰品带来更广泛的消费空间。

色彩方向：

在极致的构图和舒缓的节奏中，导演敏锐地捕捉到霍普的绘画与电影艺术之间的关联，精选霍普的 13 幅生活风景画作，以绘画与电影的对话为主轴，加以现实的叙述，用绘画、现实和影像组合出新的电影语言，利用灯光、颜色和音乐建构出剧场化的体验。在强烈或柔和的光线中色彩尽显雅致。因此，鞣棕玫瑰、海峰绿、流冰蓝等粉彩色在整个色盘中以柔至雅，用巧克力松露、虾青素等低明度的阴影色来丰富空间色调的层次，粉色密语作为中性色，调和整个色盘，用折叠的时间缔造流行与经典，尽显岁月平衡的美感。

材料方向：

精致悦己的生活方式，传达出女性应该始终感到快乐和喜欢自己。注重仪式感让我们的空间在不同时间里折叠、伸展。面料的色调选取柔韧的鞣棕玫瑰色做主色，搭配粉色密语，点缀两个同色系绿色。让生活中的碰撞与冲突在色盘中淡化。因此，艺术粉彩的皮革、皮草面料满足了广大时尚消费者追求的高级奢华感的穿着体验和时尚理念。

细节方向：

繁杂的几何图形，S 形穿插与编织感图形，十分具有复古感。色彩方面，以鞣棕玫瑰为主，该颜色来自日晒后的玫瑰色，经过时间洗礼，玫瑰色褪去初绽时的稚嫩，增加了柔韧气质。鞣棕玫瑰延续了 2021 春夏的

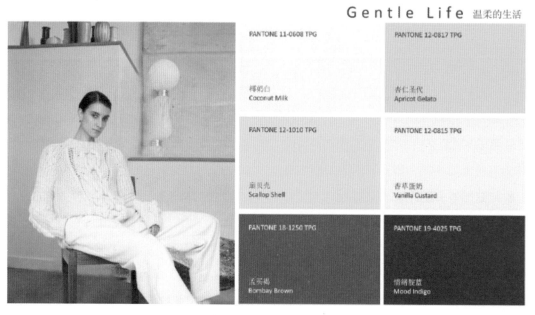

"迁徙"之漫长的告白

"迁徙"之时间折叠

粉彩色调，21/22秋冬降低明度，增加灰度，使得色彩更加雅致。

奖励办法：

（1）金奖获得者，享有"真皮标志杯"流动金杯（连续三年获得者可永久保留奖杯）、奖牌和证书；还将获得由世家皮草SagaFurs赞助的位于丹麦的世家皮草设计中心为期一周的免费培训（并提供往返国际机票、当地食宿）。

（2）银奖、铜奖、国际优秀奖、单项奖获得者，享有奖牌、证书。

（3）新锐奖、优秀奖、效果图优秀奖、优秀指导老师奖、优秀组织者奖获得者，享有证书。

作品要求：

（1）参赛作品必须是参赛者原创、首次发表的作品且不得一稿多投。

（2）参赛作品不得出现单位或个人信息。

（3）参赛作品按系列提供，每个系列限3—5件。同一参赛作品署名作者不得超过2人。

（4）作品应以天然皮革、裘皮为主要面料且不得少于30%。

金奖(1名) 30000元 +价值100000元创业资源支持

银奖(2名) 20000元 +价值50000元创业资源支持

铜奖(3名) 10000元 +价值30000元创业资源支持

国际优秀奖(1名) 10000元 (仅限于国际选手)

单项奖5名

| 最具网络人气奖 5000元 (1名) | 最佳创意奖 5000元 (1名) | 最具市场潜力奖 5000元 (1名) | 最佳工艺奖 5000元 (1名) | 最佳视觉奖 5000元 (1名) |

（金、银、铜及国际优秀奖作品不再参加除最具网络人气奖外的单项奖评选）

| 新锐奖 2000元 (10名) | 优秀奖 800元 (10名) | 效果图优秀奖 200元 (50名) | 优秀指导老师奖 1500元 (3名) | 优秀组织者奖 (10名) |

（指导的学生作品获得金奖、银奖者）　（依据组稿数量及质量确定）

竞赛奖项

（5）参赛作品效果图鼓励手绘，显示在A3（295mm×420mm）绘图纸上。效果图要求内容完整，体现设计主题。正面为作品名称、彩色效果图，背面为设计构思、结构图（包括正视图、背视图）、物料搭配说明等。效果图提交后不予退还，请自留底稿。

（6）如获奖作品在公示期间被实名举报，竞赛组委会将进行核查。若情况属实，将取消相关参赛者的参赛资格和比赛成绩。

评选规则：

竞赛遵循公开、公平和公正的原则，依据严格的评选程序和评分比例，以科学、严谨的态度进行评选。赛事分为初赛、决赛两个赛段。

（1）评选程序

①初赛

A：评选

对效果图作品进行评选。由专家评选委员会组织评委现场评选。依据作品得分评选出入围决赛的效果图作品30幅及效果图优秀奖作品50幅。其中，入围决赛的效果图作品需进行实物制作。

B：公示

入围决赛的效果图作品将在指定网站及微信公众号上公示7天。若公示期间作品被实名举报，经核查情况属实，竞赛组委会将取消相关参赛者的参赛资格和比赛成绩。

C：网络投票

公示期结束，入围决赛的效果图作品在指定微信公众号上进行为期7天的网络投票。得票最高者获得最具网络人气奖。

②决赛

对实物作品进行评选。决赛安排在海宁中国国际时装周期间。

由专家评选委员会组织评委进行现场评选。依据作品得分评选出各奖项，单项奖由评委提出候选名单，合议评选出奖项。

提示：

A：对于入围决赛的参赛者，竞赛组委会可协助其与相关企业对接制作服装。

B：决赛期间，竞赛组委会为决赛选手提供到海宁交流学习的机会，并承担决赛选手往返普通硬座车票或普通公共汽车客票（国际选手承担国内机场到海宁往返的费用，不含国际段）及在海宁三日两晚的食宿费用（每个系列作品限1人），请保留车票以作报销凭据（按实报销）。

（2）评分比例

①效果图作品：灵感创意30%，市场转化率60%，美观性5%，物料搭配说明5%。

②实物作品：创意转换60%，制作工艺25%，美观性10%，物料搭配5%。

以"真皮标志杯"时装设计大赛为例进行剖析，在比赛初期所提交的参赛资料包括：封面设计、服装效果图、设计灵感构思图、流行廓形设计趋势图、服装款式图、服装工艺图等，每个比赛要求提交的资料略有差别，但是实质内容大同小异。

实践案例一：第二十四届（2021）"真皮标志杯"中国国际皮革裘皮时装设计大赛银奖；作品名称：《一出好戏》；作者：陶孙通；学校：扬州大学。

该系列服装选用黑色和棕灰色作为主色调，取自皮影在幕布下的投影。黑色运用在男装上也显得更加沉稳。在传统的皮影戏中，皮影人物中对黄棕色的运用较多，选用棕色做一个跳跃的搭配色，使不同明度的灰色与色彩之间显得更加融合；在服装的纹样上采用传统皮影的造型进行局部抽象旋转处理，面料再造凸显抽象、条纹形态的视觉效果。由于粗细线条渗化程度的不同和均匀等关系的影响，更好地体现出了商务男装所带的时尚感和高级感，如图66—72所示。

1. 封面排版

图66　第二十四届"真皮标志杯"中国国际皮革裘皮时装设计大赛银奖作品《一出好戏》效果图封面实例

2. 效果图排版

图 67　第二十四届"真皮标志杯"中国国际皮革裘皮时装设计大赛银奖作品《一出好戏》效果图实例

3. 设计构思

图 68　第二十四届"真皮标志杯"中国国际皮革裘皮时装设计大赛银奖作品《一出好戏》灵感版实例

4. 廓形趋势

图 69　第二十四届"真皮标志杯"中国国际皮革裘皮时装设计大赛银奖作品《一出好戏》趋势版实例

5. 款式图

图 70-1　第二十四届"真皮标志杯"中国国际皮革裘皮时装设计大赛银奖作品《一出好戏》效果图实例

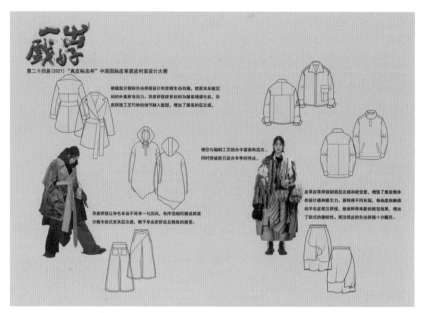

图 70-2 第二十四届"真皮标志杯"中国国际皮革裘皮时装设计大赛银奖作品《一
　　　　出好戏》效果图实例

6. 工艺说明

图 71-1 第二十四届"真皮标志杯"中国国际皮革裘皮时装设计大赛银奖作品《一
　　　　出好戏》工艺说明实例

图 71-2　第二十四届"真皮标志杯"中国国际皮革裘皮时装设计大赛银奖作品《一出好戏》工艺说明实例

图 71-3　第二十四届"真皮标志杯"中国国际皮革裘皮时装设计大赛银奖作品《一出好戏》工艺说明实例

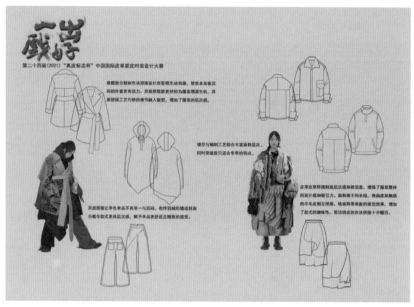

图 71-4　第二十四届"真皮标志杯"中国国际皮革裘皮时装设计大赛银奖作品《一出好戏》工艺说明实例

7. 成衣展示

图 72-1　第二十四届"真皮标志杯"中国国际皮革裘皮时装设计大赛银奖作品《一出好戏》成衣展示图实例

图72-2 第二十四届"真皮标志杯"中国国际皮革裘皮时装设计大赛银奖作品《一出好戏》成衣展示图实例

实践案例二：SAGA FURS"奢求奖"第十六届中国国际皮草设计竞赛。

设计主题：冬季潮流符号，冬奥之都，激情共赴。北京冬奥会已在凛冬刮起火热的运动风潮。奢华皮草与运动休闲混搭的style，是否能碰撞出这一季的冬季潮流符号？我们期待青春和创意，在冬奥之都点燃时尚魅力。

奖项设置：

（1）前三名获奖选手将全程免费前往芬兰世家皮草总部，进行为期一周的游学之旅。

（2）入围选手将代表中国被推选参与2020年2月于意大利时装周期间由VOGUE赞助支持的REMIX全球皮草设计竞赛评选（限中国国籍，如金奖为外籍选手，则由获银奖选手代表参赛，以此类推）。入围REMIX竞赛选手将全程免费前往意大利参

加决赛评比。

（3）部分选手将代表中国被推选参与2020年10月举办的 ASIA REMIX 亚洲皮草设计竞赛（举办地日本东京、韩国首尔、中国内地、中国香港、中国台湾地区，地点待定）。入围者将全程免费前往当地参加决赛评比。

参赛要求：

（1）凡热爱和正在从事及有志从事皮草服装、纺织服装设计工作的企业设计师、社会个人、在校学生均可参加，年龄在15—37周岁，性别不限，国籍不限。

（2）凡已经参加国内外相关比赛的作品不得参加本次大奖赛，参赛作品必须为从未公开发表过的原创设计，不得抄袭、模仿、购买他人作品或一稿多投，如发现将取消其参赛或得奖资格。

（3）每个系列作品参赛选手限由一人独立完成，不接受合作参赛作品。

（4）参赛作品皮草占比不超过40%。皮草材料由组委会免费提供（限定只能使用由SAGA FURS 提供的各种水貂及狐狸，其中狐狸种类包括蓝狐、白影狐、银狐、金狐、蓝霜狐、北极大理石霜狐），非皮草类由选手自行准备。不得使用由组委会提供之外的皮草原料，不得出现仿真皮草，发现后将取消其参赛资格。

（5）参赛不得使用印有企业标语的内里、纽扣、拉链、商标等，不得佩挂任何挂牌。

（6）设计符合国际流行趋势，充分利用皮草材料特性，体现皮草服装的风格特点并予以创造革新，同时具有生产可行性和市场实用性。

（7）主办单位对参赛作品（含设计图稿和成品服装）拥有公开发表权。实物作品及设计效果图一律不退，请自留底稿。

（8）竞赛组委会将保留一切表演、刊登和展出获奖及入选作品的权利。此外，还将保留一切设计师创作、表演参赛作品的照片及录像版权，并有权以任何形式将有关照片及录像带翻录使用，无须支付任何版权费用给参赛者。参赛成衣归组委会所有。设计版权归设计师本人所有，如有任何剽窃、模仿行为及其他法律责任与竞赛组织单位无关。

（9）入围选手须根据竞赛组委会的日程安排出席彩排、颁奖及相关宣传活动。

作品要求：

（1）按系列绘制彩色效果图297mm×420mm（A3尺寸），每个系列不少于4套服装，入围决赛只需制作一套。报名表格装订在作品最后一页的背面。

（2）稿件内容需含有作品名称、灵感来源、款式图（包括正视图、背视图）、工艺说明等。

（3）所有参赛者所填写的资料（包含个人信息）须真实有效，如提供虚假材料，将取消其比赛资格。

赛程安排：

计主题及宗旨，是否具有独创性和商业价值，是否符合国际皮草时尚潮流等。

案例二展示：如图 73—76 所示，SAGA FURS"奢求奖"第十六届中国国际皮草设

报名时间	初赛评选	作品公示
2019.10.15—2019.11.15	2019.11.18	2019.11.19—2019.11.25
（以收到稿件时间为准）	（最终入围15名）	
入围协调会	成衣制作	决赛之夜
2019.11.20	2019.12.1—2020.1.5	2020.1.6
由专家对参赛选手一对一进行定款、选皮、制作辅导	（组委会分配制作工厂）	北京国际裘皮革皮制品交易会首日举办

评比方式：

（1）为确保竞赛的学术性、国际性、权威性及公正性，竞赛评委将由几部分组成：国际知名设计师、著名服装品牌经营人、皮草推广专家、时尚界权威人士及权威服装评论家。

（2）作品是否充分体现了本次竞赛的设

计竞赛金奖；作品名称:《Z 世代》；作者：杨星月；学校：长春工业大学。

设计说明："Z 世代"系列不是专为 95 后而设计，而是对于 Z 世代的年轻人勇于尝试创新、挖掘生命价值的一种赞美，愿其年轻活力与健康属于每一位穿着者。

1. 效果图

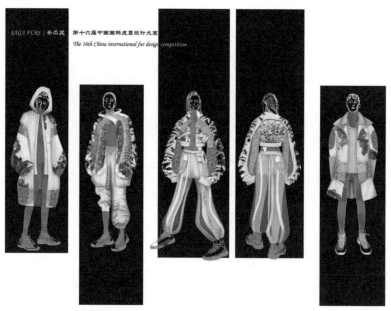

图 73 SAGA FURS "奢求奖"第十六届中国国际皮草设计竞赛金奖作品《Z世代》
效果图实例

2. 款式图

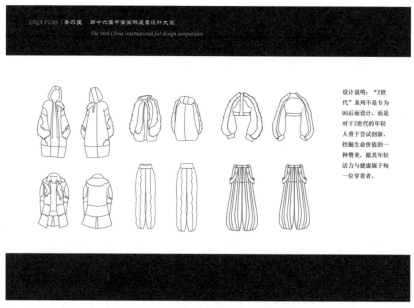

设计说明："Z世代"系列不是专为95后面设计，而是对于Z世代的年轻人勇于尝试创新，挖掘生命价值的一种赞美，愿其年轻活力与健康属于每一位穿着者。

图 74 SAGA FURS "奢求奖"第十六届中国国际皮草设计竞赛金奖作品《Z世代》
效果图实例

3. 工艺细节图

图 75　SAGA FURS "奢求奖" 第十六届中国国际皮草设计竞赛金奖作品《Z世代》面料版图实例

4. 成衣展示图

图 76　SAGA FURS "奢求奖" 第十六届中国国际皮草设计竞赛金奖作品《Z世代》成衣展示实例

第三节　童装服装设计竞赛设计实践案例分析

中国现代化的童装产业需要具有创新意识的人才，优秀设计人才可增加国内纺织童装产业的集群效益。培养具有创新能力的设计人才是现阶段国内各大纺织服装院校教育的目标。鼓励院校服装专业学习者积极参与童装设计赛事，以便使其设计实践与市场运作紧密相连。中国纺织工业协会会长杜钰洲先生在 2006 年亚洲时尚大会中国会的主旨演讲中说道："现代科学技术对当今世界衣着文化影响的总趋势，如果概括为一个词，就是'求新'。人们要求衣着产业突破一系列传统观念的束缚，开拓新视角、追求新境界、创造新风格、提高新感受。"现代童装代表了当今时代精神，现代儿童的着装反映着社会的新发展变化。童装设计专业学习者除基础专业课程学习外，还必须时刻关注现代儿童和儿童父母的生活特征及生活习惯。儿童的服装基本上是由父母决定购买的，80、90 后父母是现代童装购买的主要消费群体。90 后这一代的父母较之 80 后，思维模式、生活观念、文化教育程度和时尚意识程度均更高，他们是童装市场回暖后的主要消费群体。经济影响自身对时尚观念的认识，当 90 后父母穿得时尚漂亮的时候，他们更希望自己的孩子也穿着时尚可爱活泼的童装，也意味着他们越来越重视时尚审美对伴随着孩子成长的童装舍得花钱。

一、童装设计的现状

随着童装市场的高速发展，童装行业出现一些不容忽视的现状。

（一）设计抄袭现状严重，童装设计师面临难题

童装设计除了要求款式时尚、色泽艳丽，更重要的是安全舒适，此外，还要考虑儿童的心理、生理特征。童装设计师们一方面要对自身提出更高的要求，一方面自身又缺乏市场需求，因为这种不需设计师的童装生产集群化的态势短时间内强不可撼，使得童装设计师们只能在有限的品牌童装公司寻求发展。

（二）青少年装特色品牌较少

国内童装起步较晚，因许多中学生在校规定穿校服，故童装品牌关注青少年装较少。设计师们潜意识中把青少年装作为成人衣服的缩板版，但成人装与青少年装在体型上、心理需求上还是有差异的。青少年装要求重视遵循青少年心理特征、满足青少年生理需求与功能设计。

基于以上童装设计的痛点，近几年童装设计竞赛越来越多，越来越受到人们的关注。创新在童装设计中显得尤为重要。赛事

中的童装设计首先经过寻找灵感、联想与构思、市场信息的调研、整理分析，将设计构思用绘画语言手段表现表达出来，然后挑选适合的面辅料进行色彩搭配、图案装饰以及工艺装饰等，最终用面料将设计变成实物，这是赛事童装设计活动的流程，是完整的系列童装设计。在童装设计中运用艺术形式美的法则，将童装的色彩和形式感较好表达出来，使之和谐美观，并满足儿童的生理和心理需要。创新设计是竞赛的灵魂，参赛者应把其当成美丽的艺术精品来雕琢，在细节上要完善精致，凸显系列化设计的创新文化价值。

二、童装设计分类

在为孩子设计服装时，要注意到孩子的身体特征、年龄特征。不同年龄的孩子有不同的服装。在儿童服装设计竞赛中，已划分出不同类型的服装。其主要类型如下：

（一）婴儿装

婴儿装是指 36 个月以内的婴儿所穿的服装。这时的婴儿皮肤细嫩、头大体圆、好奇无能、乱撒乱拉。款式应是简洁宽松，易脱易穿；面料应以吸水性强、透气性好的天然纤维为宜，如柔软的棉布或毛线。色彩多是浅色、暖色或淡粉色，可以适当有一点绣花图案。千万不要选择硬质材料的婴儿装和有硬质纽扣的婴儿装。

（二）幼儿装

幼儿装是指 2—5 岁的幼儿所穿的服装。这时的幼儿活泼好动、肚子滚圆、憨态可掬。款式应宽松活泼，局部可用动物、文字、花草、人物的刺绣图案，最好同时还配有绲边、镶嵌、抽褶工艺。色彩以鲜艳的、耐脏的色调为宜。面料多用耐磨耐穿、易于洗涤的全棉质的纺织品。外套也可以用柔软易洗的化纤面料做成。

（三）儿童装

儿童装是指 6—11 岁的儿童所穿的服装。此时的儿童生长迅速、手脚增长、调皮好动、有自我主张。款式应以宽松为主，男女有别，并可做一些松紧。色彩可以同时采用对比变化大的色调。面料范围增大，天然和化纤的均可。儿童装的风格变化多，要根据孩子的个性来选择。儿童装可进一步分为小童装、中童装、大童装三类。

（四）少年装

少年装是指 12—16 岁的少年所穿的服装。这时的少年身体发育变化很大，性别特征明显。他们往往有自己的审美爱好，特别喜欢新奇的服装。款式要求介于儿童装和青年装之间。校服是他们最普通的服装，服饰不求奢华但在搭配上要有风格，色彩艳而淡雅，局部的小装饰要不断翻新。面料更多的是用化纤材料。因为孩子这时长得很快，需要不断更新服装，所以不要选择造价太高的服装。

三、童装竞赛设计要点

设计童装时应充分考虑儿童的生理特点，要体现柔软、透气、舒适、安全四大要点。

（一）在质地选择上，宜全棉，忌化纤

首先，全棉面料比较柔软，而儿童的皮肤又比较娇嫩，全棉面料能温和地接触儿童皮肤，起到很好的保护作用。而化纤面料往往比较硬，容易刮伤儿童皮肤，引起感染。其次，全棉面料具有很好的透气性，不会妨碍汗气的蒸发，让儿童感觉舒适。而化纤面料就不具备这个特点，当儿童运动流汗后汗气得不到及时的蒸发，会导致儿童衣服潮湿，如果不及时更换衣物，很容易感冒。

（二）在颜色选择上，宜淡色，忌鲜艳

颜色很鲜艳的布料往往都含有很多化学染色残留，容易导致儿童患皮肤病，所以在选择时应慎重。同时也应该注意，一些过于发白的衣料其实是添加了荧光剂的，这需要妈妈们在选择时加以辨认。

（三）在做工选择上，宜精细，忌粗制滥造

小衣物的制作，应该精巧细致，毛边少，缝合仔细，线头清除，这样才能保证儿童穿着舒适，不被粗制的衣料刮伤。

（四）在大小款式选择上，宜宽松，忌紧绷

儿童好动，如果穿着过紧，将不利于四肢的舒展和活动，长期缺少活动，儿童容易生病。应以宽松自然的休闲服装为主，这样儿童活动时灵活自如，不仅心情愉悦，而且能加强锻炼，对儿童身体健康大有好处，但切忌太宽松，否则显得不精神。选择易于穿脱的服装，如夹克衫、开门襟的松身衣、连衣裙、背心等，这些对年幼的孩子来说比较实用。三四岁大的孩子则可选择套头衫、运动服等。

四、童装设计竞赛案例分析

目前，国内比较有影响力的童装设计竞赛主要有：中国（虎门）国际童装网上设计竞赛、中华杯·童装设计大奖赛、"中国·织里"全国童装设计大赛、CKF童装设计竞赛、"美勒贝尔杯"江苏省学生服装设计竞赛等。

实践案例一：第三届"中国·织里"全国童装设计竞赛。

竞赛主题：童"话"。每一个孩子的心中都有一个童话，是一个纯净、正义、美丽、有趣的世界，还是……我们需要努力走进它，理解它，表达它？寻觅孩子的童"话"世界！走进孩子心中的童"话"世界。

作品要求：

1. 参赛作品符合竞赛主题，每个系列5套。

2. 作品设计年龄段为中童6—8周岁。

3. 具有鲜明的时代性和文化特征。

4. 设计完整、制作精细，饰品搭配齐全。

5. 参赛作品应为本人原创作品，不得侵犯他人知识产权。

评比内容：

1. 设计作品提供服装效果图（正面、背面）和平面结构图各一张。平面结构图另以一张纸绘制并与效果图装订在一起，设计稿规格均为 675px×1000px，装裱后规格 725px×1050px；手绘或电脑制作均可，效果图、平面结构图超大或缩小即视为无效。效果图右下方粘贴作品的 125px×125px 面料小样。

2. 不符合规格者，组委会保留取消其参赛资格的权利，请勿用轻型版等厚型纸。

3. 参赛设计稿一律不退，请自留底稿，设计稿版权归主办方所有。

4. 决赛实物要求：按入围作品设计稿制作（每个系列 5 套）实物作品，并选配相应的饰品。

参赛须知：

1. 童装企业设计师、相关设计机构设计师、服装专业院校师生、时装设计爱好者均可报名参加。参赛选手性别、年龄、职业、学历、民族等不限。

2. 参赛报名需提交时装设计稿，每组作品系列限报 1 到 2 人。

3. 参赛作品应为原创，不得侵犯他人知识产权，一经发现取消其比赛资格。

4. 参赛服装设计稿件不退还，截稿日期为 2015 年 3 月 20 日（以邮发地邮戳为准），来稿请注明"征稿"字样。

5. 参赛选手可在穿针引线网（http://www.eeff.net）下载参赛报名表，填写相关报名信息后，将填写好的报名表、本人身份证复印件同来稿一起寄出。

6. 参赛选手须自备表演的音乐，选用正版、质量好的 CD 盘。

7. 入围选手赴织里参加决赛的交通费自理，在织里比赛期间的食宿费由主办方承担。

8. 获奖作品成衣由主办方收藏，主办方有权宣传、展示、出版发行全部参赛作品。

案例展示一：如图 77—78 所示，第三届"中国·织里"全国童装设计大赛金奖，作品名称：《Explorer》；作者：吴鹏鹏；学校：扬州大学。

设计说明：系列作品《Explorer》将电子芯片作为主要元素进行设计创新，在成衣设计的基础上探索成衣智能化功能的无限可能。服装在满足大众舒适耐穿和美观时尚的前提下，也将朝着智能化的方向发展。将电子元素化作时尚之力，为生活提供便捷与更多的穿搭乐趣。面料的选择与搭配在舒适和夸张的造型中找到平衡，在休闲运动的基础上加入反光元素，使整体风格体现科技的张力感。同时，通过不对称领形、裤装、装饰线等设计与应用，使系列服装的最终风格更加融合当下的流行趋势以及大众审美。图案方面提取了芯片上的电路线条进行了多种图案创作；又将芯片中错落堆叠的板块转化为不同色彩的层叠，运用各种反光色块的组合为服装注入了赛博朋克式的未来科技感。最后，在设计的细节上，将芯片电路的方形形态转化为口袋的设计，呼应主题的同时又兼具实用功能。

1. 效果图

图 77 第三届"中国·织里"全国童装设计大赛金奖《Explorer》效果图

2. 成衣秀场图

图78　第三届"中国·织里"
　　　全国童装设计大赛金奖
　　　《Explorer》成衣展示图

实践案例二：2020"千思玥"杯中国西南少儿时装设计大赛。

"2020第二届中国西南少儿时装设计竞赛"是由中国知名少儿时尚教育品牌千思玥冠名赞助，中国纺织教育学会副会长、中国十佳设计师杨子老师牵头评审的少儿时装类设计专业赛事。

本届竞赛以"东方近未来"为主题，旨在促进中国少儿时尚服饰设计产业的创新发展，传承发扬中华传统服饰文化，更为全国各地的新锐时装设计师提供展现成长的平台。

竞赛组织：

主办单位：重庆市服装设计师协会、中国西南国际少儿时装周组委会

协办单位：超模范儿—时尚美育平台

支持单位：喵儿石创艺特区

承办单位：重庆千思玥文化传播股份有限公司、厦门捌零后文化艺术有限公司

参赛须知：

1. 高校服装与艺术设计在校本专科生、研究生。

2. 正在从事服装设计、教学工作的专业人才。

3. 报名免费，进入决赛后组委会将补贴每人2000元的参赛作品制作经费并承担决赛期间的差旅费用。

4. 参赛设计方向要求，作品中须蕴含中国传统文化与未来科技元素，建议以成衣潮服为主。

5. 初赛须以电子邮件形式提交不少于5套原创版权的设计手稿，复赛须打印A3版面手稿邮寄评审，决赛的参赛成品制作不少于3套。

案例展示二：如图79—84所示，2020"千思玥"杯中国西南少儿时装设计大赛。

设计竞赛铜奖作品名称：《诸神的假面》。作者：韩梦菲；学校：扬州大学。

设计说明：系列作品《诸神的假面》的设计灵感来源于傩戏面具，以"东方近未来"为设计内核，用现代艺术设计手段对傩面具元素进行处理，旨在将中国传统民俗文化与现代设计理念相融合，给古老的傩文化注入年轻的活力。

服装色彩的搭配思路是参考傩面具中使用最多的对比色搭配。在色彩的选择上，使用了代表神圣与善良的黄色、力大勇猛的青色，橙红色和藏青色则是对代表正义上进的红色和庄重严肃的黑色进行的一些改变。将高饱和度的红色替换为稍微柔和一点的橙红色，可以使整体色彩搭配更加协调统一。而将沉闷的黑色替换为藏青色，可以有效增强服装色彩的层次感，深色调藏青色的加入也会使这组色彩的搭配呈现更多的可能。通过使用对比色、邻近色等搭配方式，可以使服装色彩显得既轻快又活泼，符合现代人的审美诉求，很容易受到儿童的喜爱。

儿童服装面料的选择要以舒适轻巧为第一目的,内搭面料要选用穿着舒适透气的棉料。本系列服装做的是羽绒服,所以外套面料选用了防水防风性强的涂层面料。涂层面料的光泽使它在具有强烈现代感的同时,也可以营造一种神秘的氛围。服装的部分细节处使用了编织工艺,将不同色泽、质地的面料进行编织处理,使色彩交织在一起,不仅增强了面料的肌理效果和色彩表现力,也使服装更具趣味性。这些局部细节的处理要与服装整体风格相呼应。

本系列服装主要使用了数码印花、贴布绣、牛仔拼布这几种方式表现面具图案。平面化与立体化相结合,使图案的表现富有变化。丰富的工艺细节和多样化的搭配,不仅丰富了服装的层次感,也更能体现儿童活泼可爱的特点。

图79 2020年"千思玥"杯中国西南少儿时装设计大赛铜奖作品《诸神的假面》效果图实例

图80　2020年"千思玥"杯中国西南少儿时装设计大赛铜奖作品《诸神的假面》流行趋势分析实例

图81　2020年"千思玥"杯中国西南少儿时装设计大赛铜奖作品《诸神的假面》灵感来源实例

图 82　2020 年"千思玥"杯中国西南少儿时装设计大赛铜奖作品《诸神的假面》款式图实例

图 83　2020 年"千思玥"杯中国西南少儿时装设计大赛铜奖作品《诸神的假面》面料样品图实例

图84　2020年"千思玥"杯中国西南少儿时装设计大赛铜奖作品《诸神的假面》成品展示图实例

| 结束语 |

作者在高校从事服装专业教学三十年中，发现近期出版的服装设计竞赛系统的研究专著较少，可以参考借鉴的资料有限。从 1985 年早期的全国时装设计"金剪奖"大赛开始，逐步有许多重大竞赛如中国国际华服设计大赛、"大连杯"国际青年服装设计大赛等赛事涌现，对服装设计竞赛的理论研究、对服装原创设计起着良性推动作用。本书归纳和提炼了服装设计竞赛的相关概念、设计思维、设计创新方法、面料设计、配色设计、文案设计程序、设计实践案例分析等内容，旨在为初次接触服装设计大赛设计领域的学生、服装设计领域的专业人士，就如何认识、梳理、掌握和提升服装设计大赛设计能力，推动国内原创设计发展提供一些思路和方法。

本书的完成，感谢中国服装设计师协会副主席谢方明先生、李菲女士的大力支持，感谢"汉帛杯"参赛获奖设计师毕然、王慧娴提供的详细作品图稿资料，感谢扬州大学吴鹏鹏、韩亚坤、晋嘉隆、韩梦菲、杨灵慧、陶孙通、张佳妮、杨朋同学和长春工业大学杨星月同学提供的参赛实践作品资料，感谢扬州大学美术与设计学院硕士研究生张佳妮同学协助完成第三章、第五章的撰写，杨朋同学协助完成第六章、第七章的撰写，他们为此书做了大量的资料整理和图片收集工作。本专著由扬州大学出版基金以及教育部人文社会科学规划项目编号为 21YJA760008 资助完成。